卧式储罐滚动隔震理论、方法及试验

孙建刚　吕　远　崔利富　南景富　著

中国石化出版社

·北京·

内 容 提 要

　　本书系统地介绍了卧式储罐滚动隔震体系基本理论和方法,开展了相关数值分析和试验研究,建立了卧式储罐滚动隔震体系力学模型并给出了详细的推导过程。全书主要内容包括:常见卧式储罐的结构形式、基于流体-结构耦合效应的球形储罐地震响应分析基本理论;卧式储罐滚动隔震基本理论及减震性能分析;卧式储罐滚动隔震有限元数值仿真和振动台试验研究并与理论模型进行对比分析,深入讨论了卧式储罐滚动隔震体系的减震机理和性能。

　　本书可作为从事土木工程、储运工程等领域工程设计人员、技术人员的参考书,也可供上述专业高校师生学习参考。

图书在版编目(CIP)数据

卧式储罐滚动隔震理论、方法及试验/孙建刚等著. —北京:
中国石化出版社,2023.12
ISBN 978-7-5114-7318-9

Ⅰ.①卧… Ⅱ.①孙… Ⅲ.①卧式-储罐-滚动
②卧式-储罐-防震设计 Ⅳ.①TU249.9

中国国家版本馆 CIP 数据核字(2023)第 253849 号

中国石化出版社出版发行
地址:北京市东城区安定门外大街 58 号
邮编:100011　电话:(010)57512500
发行部电话:(010)57512575
http://www.sinopec-press.com
E-mail:press@ sinopec.com
北京富泰印刷有限责任公司印刷
全国各地新华书店经销
*
710 毫米×1000 毫米 16 开本 5.75 印张 103 千字
2023 年 12 月第 1 版　2023 年 12 月第 1 次印刷
定价:45.00 元

前　言

　　石油化工工业是关乎国家经济命脉、能源战略的支柱产业之一，在促进国民经济、交通运输以及国防建设等的发展中扮演着重要角色。国内外震害调查显示，强烈的地震会对石油化工工业储存与运输体系中的储罐结构造成巨大破坏，进而导致严重的次生灾害和惨重的经济损失。我国地处环太平洋地震带，境内大小地震频发，近50年来我国境内至少发生了里氏7.0级以上大地震17次。突发且强烈的地震灾害对石油化工工业中卧式储罐构成了严重威胁，与之不相适应的是，目前我国石油化工行业规模以上企业已近30000家，所建成的化工园区相当一部分位于地震高发区，时刻面临地震风险，对人民生命财产安全构成严重威胁。随着卧式储罐的大型化和规模化，其地震易损且震损危害大的特性与国计民生和公共安全之间的矛盾日益突出。因此发展新的针对性减、隔震方法以提升卧式储罐抗震性能是当前客观存在的迫切需求。

　　减震、隔震技术已在土木工程领域得到了广泛的应用，并已经过地震的实际检验，是能有效减弱建筑物地震响应的工程措施，其研究和应用已得到了广泛的认可。由于其优良的振动控制效果，减震、隔震技术引起了国内外不同领域众多科技工作者浓厚的兴趣。将减隔震技术引入卧式储罐提升其抗震性能是一种切实可行的解决方案。其基础隔震技术是通过在建筑结构与地基之间装置一个"柔性"的隔震层，来减弱地震能量自下而上的传导，从而大幅度地降低上部结构的地震响应。其中自复位滚动隔震作为独具特点的隔震技术，具有较为显著的水平隔震性能，其隔震周期受凹面曲率半径和滚球尺寸控制，理论上可实现隔震周期6~10s且兼顾较强的自复位性能，同时具有构造相对简单及造价相对低廉的特点。因为滚动隔震同样具有竖向承载力不佳等缺点，所以滚动隔震装置多应用于重要文物和设备的隔震保护。由于石化行业中卧式储罐多用于存储轻质油类和一些液化气，整体结构的重量相对较轻，对隔震层竖向承载力要求不高，因此滚动隔震是一种非常适用于卧式储罐的隔震措施。

本书针对提升卧式储罐抗震性能这一亟待解决的关键问题，结合目前国内外相关研究现状，提出新型的卧式储罐滚动隔震体系，设计适用于卧式储罐结构的新型滚动隔震装置并建立对应力学模型和定量设计方法，分别建立卧式储罐滚动隔震结构体系的理论分析模型，结合有限元数值仿真方法和振动台试验研究，针对卧式储罐新型滚动隔震结构体系和技术理论、方法进行了系统介绍。本书共分为4章，第1章介绍常见卧式储罐的结构形式，基于流体－结构耦合效应的球形储罐地震响应分析基本理论；第2章介绍卧式储罐滚动隔震基本理论及减震性能分析；第3、4章分别介绍了卧式储罐滚动隔震有限元数值仿真研究，振动台试验研究，并通过与理论模型进行对比分析，深入讨论了卧式储罐滚动隔震体系的减震机理和性能。

本书的研究内容，得到了广东省重点领域研发计划项目"油气储运重大基础设施灾害防御关键技术及装备研发与示范"（2019B111102001）以及国家自然基金项目（51878124）的资助。对此表示衷心的感谢！同时对书中所引用的相关文献的作者表示感谢。

由于作者水平有限，本书难免有不足之处，还望读者批评指正。

目　　录

第1章 卧式储罐结构体系及地震响应分析方法

我国地处环太平洋地震带，境内大小地震频发，近50年来我国境内至少发生了里氏7.0级以上大地震17次，突发且强烈的地震灾害对石油化工工业稳定、安全的发展构成了严重威胁，因此，探究如何提高石油化工工业及其储运体系中储罐结构的安全性，以及提高其抵御地震灾害的能力具有重要的现实意义和经济价值。目前，世界各国已针对石油化工工业及其储运体系中储罐结构的抗震设计开展了深入的科学研究，并建立了相应的设计规范[1-5]，但大多数研究对象集中于立式储罐，对卧式储罐的关注较少。卧式储罐是石油化工工业及其储运体系中重要的存储类结构，其结构形式相对复杂，地震作用时的动态响应机理尚未完全明确，许多问题尚待深入研究。本章详细介绍了地震动横向输入、地震动轴向输入以及考虑土－储罐－流体相互作用时卧式储罐地震响应的分析方法，提出了便于实际工程应用的简化力学模型，并进行了算例分析。

1.1 卧式储罐结构特点及其地震响应研究进展

钢制卧式储罐通常用于存储易燃、易爆或有毒的石化产品，如油类、液化气等。卧式储罐由圆柱形罐壁及两端封头构成，其支承形式多为鞍式支座。通常情况下，储罐的支承系统(鞍座)是水平地震作用时的薄弱位置。根据卧式储罐的结构特点，可分别从轴向地震输入和侧向地震输入讨论其地震响应分析方法。卧式储罐结构形式如图1.1所示。

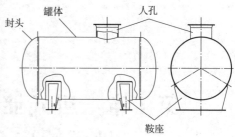

图 1.1　卧式储罐

国内外学者针对卧式储罐地震响应问题进行了较为系统的探讨。1960 年 Bernard Budiansky[6]对部分填充的水平圆柱形储罐的储液晃动振型、晃动频率进行了理论计算。1966 年，Moiseev 和 Petrov[7]介绍了用里兹变分法计算各种形状容器(包括水平圆柱形容器)晃动频率的方法。1981 至 1983 年，David W. Fox 和 James R. Kuttler[8,9]利用保角映射的方法求得半满填充罐储液振动频率值的上界和下界。

1989 年，N. Kobayashi 等人[10]通过试验和数值分析，确定了卧式圆柱形容器中液体的固有频率和晃动合力。论文分别研究了液体小幅晃动和大幅晃动的动态响应，研究结果表明：小幅晃动时，可将卧式圆柱形储罐等效为矩形槽，以此提出了一种计算纵向晃动响应的有效方法，计算所得的振动固有频率、振动波高和动态压力与试验结果吻合较好；当流体大幅晃动时，流体纵向和横向最大晃动力分别约为罐内液体重量的 0.28 倍和 0.16 倍。同年，P. McIver[11]采用流体线性波动理论研究了卧式储罐内任意储液高度时流体的晃动问题。利用特殊的坐标系统，将晃动问题表述为积分方程，并通过数值求解其特征值，确定了重力场下卧式储罐内任意储液高度时流体的晃动频率。

1993 年，McIver[12]研究了具有等截面的水平圆柱体中液体的晃动问题，论文给出了求最低对称模态和最低反对称模态频率上下界的简单方法，并与边界元法的数值计算作了比较。同年，Evans 和 Linton[13]提出了半满填充卧式圆柱容器的本征值晃动问题的系列(半解析)解。

1998 年，李永录[14]通过有限元法对某卧式储罐进行了抗震分析，给出了其动力反应和薄弱环节，提出了该类设备的加固方法。

2004 年，S. Papaspyrou 等人[15]研究了 50% 填充时在横向激励下卧式储罐的动态响应。基于刚性罐壁假定，建立了描述流体晃动效应的二维数学模型。同时推导了 50% 填充时流体的晃动频率及动态水压力。此外，假设容器为简支梁式变形，将简化公式推广到近似的容器–液体系统的耦合响应。利用该公式计算了典型压力容器在地震动激励下的响应，并论证了容器壁变形的影响。

2005 年，M. A. Platyrrachos 等人[16]提出了一种计算卧式储罐在地震激励下流体晃动的有限元公式。Xu 和 Dai 等人[17,18]利用势流理论和连续坐标映射，开发了一种新的基于有限差分数值方法分析模型，用于研究圆形和椭圆形卧式储罐中的液体瞬态动态压力和力矩。孙利民等人[19]利用有限元分析软件 ANSYS 对卧式储油罐进行了液固耦合模态分析，研究结果表明卧式罐固有频率值随液体深度的增加而逐渐降低。

2006 年，Spyros A. Karamanos 等人[20]研究了流体晃动对卧式储罐抗震设计的影响。在流体小幅晃动的假定前提下，基于势流理论研究了流体线性晃动问题，提供了流体晃动频率、晃动模态以及晃动等效质量的求解方法。将流体的运动分解为冲击分量、对流晃动分量，并基于此提出了弹簧–质量简化力学模型。2007 年，Lazaros A. Patkas 等人[21]将液体简化为理想流体，结合特定的边界条件推导了计算外部水平激励作用下卧式储罐动力响应的力学模型，重点讨论了任意储液量时流体晃动频率及地震作用下的线性晃动效应。

2008 年，Stefan aus der Wiesche[22]通过数值计算得到了旋转卧式储罐中黏性液体的固有频率和动态晃动力。S. Mitra 等人[23]采用基于压力的伽辽金有限元方法和基于有限差分的迭代法，研究了几种几何形状储罐在简谐振荡和地震激励下的晃动特性。

2009 年，Spyros A. Karamanos 等人[24]研究了卧式储罐在外部激励下液体的晃动问题，研究结果表明，只考虑第一阶晃动质量就足以准确地描述液体容器的动态行为；对于受纵激励的情况，可简化为适当的矩形容器来计算动态响应。M. I. Salem 等人[25]利用流体模型和等效的机械弹簧摆锤模型，模拟了在转弯和突然变道机动过程中，包括椭圆油箱在内的各种油箱几何结构中的横向液体晃动。S. M. Hasheminejad 等人[26]基于线性势流理论，将罐壁假定为刚性，研究了带有水平纵向侧挡板的卧式椭圆储罐在半填充状态下的横向晃动频率。

2010 年，Faltinsen 和 Timokha[27]假设液体为不可压缩且无黏、无旋流的理想流体，同时考虑液体为小幅的线性晃动，利用非受迫液舱内液体自由晃动固有模态展开的多模态方法，研究了液体在圆形液舱内的二维受迫晃动问题。

2011 年，Kalliopi Diamanti 等人[28]针对特定的卧式储罐案例，比较了 ASME B&PV 法规和 EN 13445 – 3 中关于卧式储罐的地震规定。此外，通过数值研究为卧式容器提出了可靠的行为因子值，介绍了一种用于计算液体晃动力的方法。同年 S. M. Hasheminejad 等人[29]建立了半解析数学模型，以研究半满卧式椭圆储罐在任意横向加速度作用下的瞬态液体晃动特性。

2012 年，S. M. Hasheminejad 等人[30]研究了半满卧式椭圆储罐安装垂直挡板对容器内液体晃动特性的影响。Omar Badran 等人[31]建立了圆形截面半充液罐的三维准静态模型，并将其集成于综合的三维车辆模型中。

2014 年，Amir Kolaei 等人[32]建立了用于分析卧式储罐流体瞬时横向晃动的模型。该分析模型基于液体无黏、无旋及不可压缩的假定条件，采用线性化自由表面边界条件和双极坐标变换，得到截断的线性常微分方程组，通过数值求解确定流体速度势以及流体动态压力和力矩。S. M. Hasheminejad 等人[33]利用线性势流体理论和保角映射技术，建立了刚性罐壁假定下卧式储罐器二维瞬态晃动的数学模型，研究了不同储液高度及罐内挡板长度对脉冲质量比以及对流质量比的影响。

2015 年，Amir Kolaei 等人[34]将流体简化为无黏、无旋及不可压缩的理想流体，研究了在纵向和横向加速度同时作用时卧式圆筒形储罐内的三维液体晃动。采用高阶边界元法对任意截面、有限长的部分充液罐内液体晃动问题进行了初步的研究。所提出的边界元与多模态方法相结合的分析方法可以有效地求解水平激励时容器内的三维液体晃动问题，并对比实验结果验证了该模型的有效性。Amir Kolaei 等人的研究结果表明，对于长径比大约为 2.4 的储罐，当横向加速度和纵向加速度的稳态值分别小于 $0.3g$ 和 $0.2g$ 时，线性理论可以相对精确地计算流体晃动力和力矩。

2016 年，Spyros A. Karamanos 和 Angeliki Kouka[35]基于理想流体假定，采用解析方法研究了卧式储罐在 50% 填充量及考虑罐壁弹性变形时的液固耦合地震响应。该分析模型对刚性罐壁假定下的动态响应分析方法进行了拓展，求解过程中将流体速度势分解为三部分：（1）跟随外部激励的液体运动；（2）流体对流晃动；（3）由壁面变形引起的液固耦合。蔡红梅[36]基于有限元软件 ANSYS 建立了卧式储罐有限元数值仿真模型并进行了地震响应分析，针对不同加强圈的设置对结构的影响进行了分析。

2017 年，S. M. Hasheminejad 和 H. Soleimani[37]基于线性化势流体理论、分离变量法和圆柱贝塞尔函数的平动加法定理，建立了研究卧式储罐流体三维晃动的一般级数式理论模型。

2018 年，Alessandra Fiore 等人[38]基于有限元数值仿真及简化力学模型针对存储介质为丁烷的卧式储罐进行了动态分析及安全性验证。

2020 年，吕远等人[39~41]立足于卧式储罐抗震设计，从横向与纵向两个地震动激励方向推导了卧式储罐抗震设计的简化力学模型。首先采用速度势理论，及刚性罐壁假定，根据边界条件推导出合理的势函数，并将半解析半数值的数学模型参数化，拟合得出简单的参数公式，根据基底剪力及倾覆弯矩表达式构建了便于工程应用的卧式储罐考虑储液晃动简化动力学模型。其次采用微分原理推导了卧式储罐在轴向地震动作用下的简化力学模型，利用等效原则进一步简化了简化力学模型的计算过程。在此基础上，进一步推导了罐壁和鞍座的应力表达式。通过与有限元数值仿真分析结果及模拟地震振动台试验结果对比分析，验证了所提出的理论模型的正确性。另外结合场地土模型，推导了考虑土 - 罐 - 液相互作用（STLI）的卧式储罐的简化力学模型。通过数值分析，研究了不同剪切波速下卧式储罐考虑 STLI 后的动态响应。研究结果表明，考虑 STLI 后，卧式储罐的地震反应更为严重，基底剪力、倾覆弯矩和晃动波高等主要控制指标增加了 25% ~ 58%，其中软、中软场地条件下的影响更为显著。

综上所述，卧式储罐地震响应分析方法主要为理论模型数值分析、有限元数值仿真分析以及试验研究，尤其各类理论分析模型的建立几乎贯穿了整个卧式储罐地震响应研究发展史。目前国内相关规范仍采用等效质量法将卧式储罐简化为单质点体系，结合地震反应谱评估卧式储罐地震响应最大值[1~5]。此方法的优点是通过简便的计算即可大致评估卧式储罐的最大地震力。但这种计算方法未考虑液体晃动的影响，过度简化了卧式储罐在地震作用时的动态响应，可能致使其计算结果与实际情况产生偏差。事实上，精确地评估地震引起的最大流体动态压力（包括冲击压力和对流晃动压力），是确保其结构安全性的关键问题。因此根据上述文献综述不难发现，目前有关卧式储罐地震响应的研究多集中于其储液晃动问题，且主要采用基于势流理论的理论研究方式。国外学者针对此问题建立了各类理论计算方法及力学模型，可用于计算流体晃动特征、晃动频率以及晃动和冲击产生的动态压力等，且部分研究成果得到了试验的验证。但目前有关卧式储罐整体结构体系地震响应（包括流体晃动、流体与支承结构耦合振动、罐壁惯性动态响应等）计算方法的研究相对较少，且均缺少振动台试验的验证。同时已发表的文献中鲜有关于场地土对卧式储罐地震响应影响的研究。参照 SSI（土 - 结构相互作用）对建筑结构地震响应的影响，有理由相信 STLI（土 - 储罐 - 流体相互作用）对卧式储罐地震动响应亦将产生一定影响，场地土对卧式储罐地震响应的影响有待深入研究。

1.2 水平横向地震激励时卧式储罐地震响应理论分析方法

1.2.1 基本假定

通常情况下，卧式储罐相对于大型立式储罐来说体积较小，但壁厚较厚，所以结构整体刚度较大，地震作用时罐壁变形通常较小。文献[20]中提出当卧式储罐长度与半径之比小于10（$L/R < 10$），且半径与壁厚的比值小于80（$R/t < 80$）时可以忽略罐壁的变形，即假定罐壁为刚性罐壁。将卧式储罐基础考虑为刚性地基，同时假定球罐内储液为无旋、无黏、不可压缩的理想流体，流体动态行为满足势流场理论，建立如图1.2所示的坐标系。$x_g(t)$为地面运动，$x_0(t)$为罐体相对地面运动。

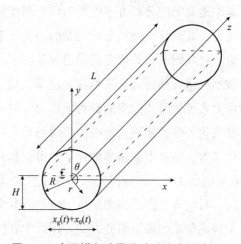

图 1.2　水平横向地震激励时卧式储罐简图

在地震作用下储液地震动响应可分为对流运动和刚性运动，根据速度势理论，可分为刚性冲击速度势$\varphi_r(x, y, z, t)$和对流晃动速度势$\varphi_s(x, y, z, t)$，储液总速度势$\Phi(x, y, z, t) = \varphi_r(x, y, z, t) + \varphi_s(x, y, z, t)$。而讨论的是地震动作用方向与卧罐轴线垂直的情况，此时假定某(x, y)位置沿z轴方向的储液速度势处处相等，将三维问题简化为二维问题。因此研究对象变为与z轴垂直的某一截面，Laplace 方程可以写为：$\nabla^2 \Phi = \dfrac{\partial^2 \Phi}{\partial x^2} + \dfrac{\partial^2 \Phi}{\partial y^2} = 0$。通过坐标转换，由直角坐标系转换为极坐标系，可得极坐标系下的速度势方程 $\Phi(r, \theta, t) = \varphi_{\mathrm{r}}(r, \theta, t) + \varphi_{\mathrm{s}}(r, \theta, t)$，满足 Laplace 方程：

$$\frac{\partial^2 \Phi}{\partial r^2} + \frac{1}{r^2}\frac{\partial^2 \Phi}{\partial \theta^2} + \frac{1}{r}\frac{\partial \Phi}{\partial r} = 0 \tag{1.1}$$

分别推导刚性冲击速度势和对流晃动速度势。

1.2.2 刚性冲击速度势

刚性冲击速度势满足如下边界条件：

$$\frac{\partial \varphi_{\mathrm{r}}}{\partial r}\Big|_{r=R} = [\dot{x}_{\mathrm{g}}(t) + \dot{x}_0(t)]\sin\theta \tag{1.2}$$

其中 $r = R$ 表示球罐半径。根据边界条件(1.2)可构造出刚性冲击速度势 φ_{r} 在某一 z 截面上的表达式：

$$\varphi_{\mathrm{r}}^z = r[\dot{x}_{\mathrm{g}}(t) + \dot{x}_0(t)]\sin\theta \tag{1.3}$$

根据 1.2.1 节中的假定可知刚性冲击速度势沿 z 轴截面处处相等：

$$\varphi_{\mathrm{r}} = r[\dot{x}_{\mathrm{g}}(t) + \dot{x}_0(t)]\sin\theta \tag{1.4}$$

1.2.3 对流晃动速度势

采用分量变量法和叠加原理可得晃动速度势在某一 z 截面上的表达式：

$$\varphi_{\mathrm{s}} = \sum_{n=1}^{\infty} \dot{f}_n(t) r^n \sin(n\theta) \tag{1.5}$$

液固耦合面 S_1 上满足边界条件：

$$\frac{\partial \varphi_{\mathrm{s}}}{\partial r}\Big|_{r=R} = 0 \tag{1.6}$$

流体自由液面 S_2 上满足边界条件：

$$\frac{\partial^2 \varphi_{\mathrm{s}}}{\partial t^2} + g\frac{\partial \varphi_{\mathrm{s}}}{\partial y} = -\frac{\partial^2 \varphi_{\mathrm{r}}}{\partial t^2} \tag{1.7}$$

将等式(1.5)代入边界条件(1.6)和(1.7)，同时乘以调和函数 $\varphi^*(r, \theta)$ 并分别在 S_1 和 S_2 内积分，最后将所得的两个等式相加可得：

$$\int_0^{\theta_1} \varphi^* \boldsymbol{N}_1^{\mathrm{T}} \boldsymbol{f} \mathrm{d}\theta + \int_0^{\theta_1} \varphi^* (\boldsymbol{N}_2^{\mathrm{T}} - \boldsymbol{N}_3^{\mathrm{T}} + \boldsymbol{N}_4^{\mathrm{T}}) \boldsymbol{f} \mathrm{d}\theta =$$

$$\int_0^{\theta_1} 2L\varphi^* \frac{[\ddot{x}_{\mathrm{g}}(t) + \ddot{x}_0(t)]\sin\theta(H-R)^2}{g\cos^3\theta} \mathrm{d}\theta \tag{1.8}$$

其中：

$$N_1 = \left[\frac{2L(H-R)^{n+1}}{g \ (\cos\theta)^{n+2}} \sin(n\theta) \right]_{m \times 1} \tag{1.9}$$

$$N_2 = \left[2Ln \frac{(H-R)^n}{(\cos\theta)^n} \sin(n\theta) \right]_{m \times 1} \tag{1.10}$$

$$N_3 = \left[2Ln \frac{(H-R)^n}{(\cos\theta)^{n+1}} \cos(n\theta)\sin\theta \right]_{m \times 1} \tag{1.11}$$

$$N_4 = = \left[2nLR^n \sin(n\theta) \right]_{m \times 1} \tag{1.12}$$

$$\boldsymbol{f} = \left[f_n(t) \right]_{m \times 1} \tag{1.13}$$

式中　L——储罐等效长度。

根据 Galerkin 离散化原则，调和函数 $\varphi^*(r, \theta)$ 可离散为一个 m 阶列向量 $\varphi^*(r,\theta) = \sum_{l=1}^{\infty} r^l \sin(l\theta)$，记作 $\boldsymbol{N} = \left[r^l \sin(l\theta) \right]_{m \times 1}$，则式(1.8)可以写为：

$$\boldsymbol{M}\ddot{\boldsymbol{f}} + \boldsymbol{K}\boldsymbol{f} = -\chi(\ddot{x}_g(t) + \ddot{x}_0(t)) \tag{1.14}$$

其中：

$$\boldsymbol{M} = \boldsymbol{N}\boldsymbol{N}_1^{\mathrm{T}} \tag{1.15}$$

$$\boldsymbol{K} = \boldsymbol{N}(\boldsymbol{N}_2^{\mathrm{T}} - \boldsymbol{N}_3^{\mathrm{T}} + \boldsymbol{N}_4^{\mathrm{T}}) \tag{1.16}$$

$$\chi = \int_0^{\theta_1} 2LN \frac{\sin\theta(H-R)^2}{g\cos^3\theta} \mathrm{d}\theta \tag{1.17}$$

分储液高度大于储罐半径和储液高度小于储罐半径两种情况考虑，则矩阵 $\boldsymbol{M}$，$\boldsymbol{K}$，χ 的 n 行 l 列元素分别为：

$$M_{nl} = \begin{cases} \int_0^{\theta_1} \frac{2L}{g} \frac{(R-H)^{l+n+1}}{(\cos\theta)^{l+n+2}} \sin(n\theta)\sin(l\theta)\mathrm{d}\theta & H < R \\[3mm] \int_0^{\theta_1} \frac{2L}{g} \frac{(H-R)^{l+n+1}}{(\cos\theta)^{l+n+2}} \sin(n\theta)\sin(l\theta)\mathrm{d}\theta & H > R \end{cases} \tag{1.18}$$

$$
\begin{aligned}
K_{nl} = &\int_0^{\theta_1} \left[-2Ln\frac{(R-H)^{n+l}}{(\cos\theta)^{n+l}}\sin(n\theta)\sin(l\theta) + 2Ln\frac{(R-H)^{n+l}}{(\cos\theta)^{l+n+1}} = \cos(n\theta)\sin(l\theta)\sin\theta \right]\mathrm{d}\theta \\
&+ \int_0^{\theta_1} 2nLR^{n+l}\sin(n\theta)\sin(l\theta)\mathrm{d}\theta \quad H < R \\[3mm]
&\int_0^{\theta_1} \left[2Ln\frac{(H-R)^{n+1}}{(\cos\theta)^{n+l}}\sin(n\theta)\sin(l\theta) - 2Ln\frac{(H-R)^{n+l}}{(\cos\theta)^{l+n+1}}\cos(n\theta)\sin(l\theta)\sin\theta \right]\mathrm{d}\theta \\
&+ \int_{\theta_1}^{\pi} 2nLR^{n+l}\sin(n\theta)\sin(l\theta)\mathrm{d}\theta \quad H > R
\end{aligned}
$$

$$\tag{1.19}$$

$$\chi_{nl} = \begin{cases} \int_0^{\theta_1} 2L \dfrac{\sin(l\theta)\sin\theta(R-H)^{2+l}}{g\cos^{3+l}\theta}\mathrm{d}\theta & H < R \\[4mm] \int_0^{\theta_1} 2L \dfrac{\sin(l\theta)\sin\theta(H-R)^{2+l}}{g\cos^{3+l}\theta}\mathrm{d}\theta & H > R \end{cases} \tag{1.20}$$

参照结构动力学振型叠加原理，可以将等式(1.14)看作耦合在一起的 m 阶线性无阻尼运动控制方程。可依据结构动力学振型叠加法对其进行解耦：

$$(\boldsymbol{K} - \omega_n^2 \boldsymbol{M})\boldsymbol{\psi}_n = 0 \tag{1.21}$$

式中　ω_n——n 阶晃动频率；

　　　$\boldsymbol{\psi}_n$——对应的 n 阶晃动振型。

根据上述内容可知，式(1.14)为 m 阶矩阵方程，其中 $m = 1$，2，3，4，m 取值不同时，结果精度会产生差异。因此式(1.14)可以转化为 m 个非耦合的方程：

$$m_i \ddot{q}_i(t) + k_i q_i(t) = -(\ddot{x}_g(t) + \ddot{x}_0(t)) \tag{1.22}$$

其中：

$$m_i = \frac{\boldsymbol{\psi}_i^{\mathrm{T}} \boldsymbol{M} \boldsymbol{\psi}_i}{\mu_i}, k_i = \frac{\boldsymbol{\psi}_i^{\mathrm{T}} \boldsymbol{K} \boldsymbol{\psi}_i}{\mu_i}, \mu_i = \boldsymbol{\psi}_i^{\mathrm{T}} \boldsymbol{\chi}, f = \sum_{i=i}^{m} \boldsymbol{\psi}_i q_i \tag{1.23}$$

可将式(1.22)写为如下形式：

$$\ddot{x}_{ci}(t) + \omega_i^2 x_{ci}(t) = -[\ddot{x}_g(t) + \ddot{x}_0(t)] \tag{1.24}$$

其中：

$$x_{ci}(t) = m_i q_i(t), \quad \omega_i^2 = \frac{\boldsymbol{\psi}_i^{T} \boldsymbol{K} \boldsymbol{\psi}_i}{\boldsymbol{\psi}_i^{T} \boldsymbol{M} \boldsymbol{\psi}_i} \tag{1.25}$$

式(1.24)为晃动分量无阻尼运动方程，有阻尼运动方程如下所示：

$$\ddot{x}_{ci}(t) + 2\xi\omega_i \dot{x}_{ci}(t) + \omega_i^2 x_{ci}(t) = -[\ddot{x}_g(t) + \ddot{x}_0(t)] \tag{1.26}$$

流体晃动阻尼比 ξ 通常取 0.005。

由于储液晃动主要以第一阶振型为主，所以只以 $i = 1$ 时为主要研究对象，记 $x_{c1}(t) = x_c(t)$。可得储液晃动速度势为：

$$\varphi_s(r, \theta, t) = \dot{x}_c(t) \frac{\boldsymbol{\psi}_1^{T} \boldsymbol{N}}{m_1} \tag{1.27}$$

其中 $\boldsymbol{N} = [r^n \sin(n\theta)]_{m \times 1}$。

1.2.4　简化动力学模型

根据等式(1.4)以及(1.27)可得水平地震作用下流体总的速度势：

$$\Phi = r[\dot{x}_g(t) + \dot{x}_0(t)]\sin\theta + \dot{x}_c(t)\frac{\psi_1^T N}{m_1} \tag{1.28}$$

根据总的流体速度势便可求得自由液面波动方程以及流体作用于罐壁的动态压力表达式：

$$h_v = -\frac{1}{g}\left([\ddot{x}_g(t) + \ddot{x}_0(t)] \cdot r \cdot \sin\theta + \ddot{x}_c(t)\frac{\psi_1^T N}{m_1}\right) \tag{1.29}$$

$$P(R, \theta, t) = -\rho\left([\ddot{x}_g(t) + \ddot{x}_0(t)] \cdot R \cdot \sin\theta + \ddot{x}_c(t)\frac{\psi_1^T N}{m_1}\right) \tag{1.30}$$

式中　ρ——流体密度。

则可求得作用于罐壁上的流体动态压力产生的水平方向基底剪力表达式：

$$\begin{aligned} Q_1(t) &= -\rho\int_{S_1}\frac{\partial\Phi}{\partial t}\sin\theta ds \\ &= -m_r[\ddot{x}_g(t) + \ddot{x}_0(t)] - m_c[\ddot{x}_g(t) + \ddot{x}_0(t) + \ddot{x}_c(t)] \end{aligned} \tag{1.31}$$

其中 $m_c = 2LR\rho\int_{\theta_1}^{\pi}\frac{\psi_1^T N}{m_1}\sin\theta d\theta$ 为对流晃动分量等效质量；$m_r = M_L - 2LR\rho\int_{\theta_1}^{\pi}\frac{\{\psi_1\}^T[N]}{m_1}\sin\theta d\theta$ 为刚性冲击分量等效质量；$M_L = \left[\pi - \theta_1 + \frac{\sin(2\theta_1)}{2}\right]R^2L\rho$ 为流体总的质量。

由流体动态压力而产生的作用于支承底部的倾覆弯矩表达式：

$$\begin{aligned} M_1(t) &= -\rho\int_{S_1}\frac{\partial\Phi}{\partial t}[R(1 + \cos\theta) + h]\sin\theta ds \\ &= -m_r h_0[\ddot{x}_g(t) + \ddot{x}_0(t)] - m_c h_c[\ddot{x}_g(t) + \ddot{x}_0(t) + \ddot{x}_c(t)] \end{aligned} \tag{1.32}$$

h_0，h_c 分别为刚性冲击分量等效高度以及对流晃动分量等效高度，分别表示为：

$$h_0 = R + h - \frac{2\rho R^3 L\sin^3\theta_1 + 6\rho R^2 L\int_{\theta_1}^{\pi}\frac{\psi_1^T N}{m_1}\sin\theta\cos\theta d\theta}{3m_r} \tag{1.33}$$

$$h_c = R + h + \frac{2\rho R^2 L\int_{\theta_1}^{\pi}\frac{\psi_1^T N}{m_1}\sin\theta\cos\theta d\theta}{m_c} \tag{1.34}$$

式中　h——支承等效高度。

由上述可知，晃动波高、动液压力、基底剪力及倾覆弯矩主要受 $e = \dfrac{\psi_1^T N}{m_1}$、

晃动分量系数 $s = \dfrac{m_c}{M_L}$、晃动频率 ω、对流晃动分量等效高度 h_c 以及刚性冲击分量等效高度 h_0 影响，各参量是关于储液高度 H 和卧罐半径 R 的因变量，同时各参数的计算精度也受截断数 m 的影响。主要针对 $r = R$ 时进行研究。求解出各参量随 x（记 $x = \dfrac{H}{R}$，$0 < x < 2$）变化的一系列值，截断数 m 及储罐半径 R 不同时，各参量的变化如图 1.3 及图 1.4 所示。

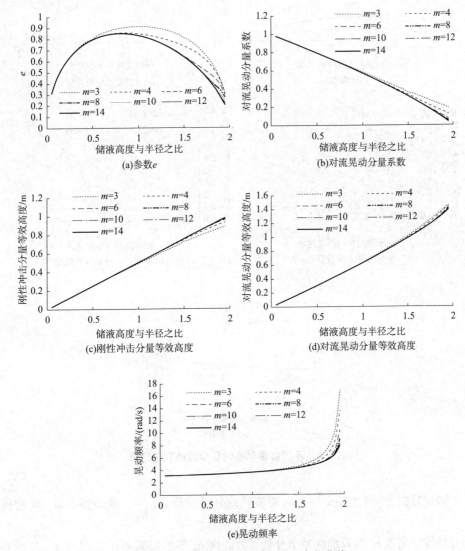

图 1.3　不同截断数时各参数随 x 变化曲线

从图 1.3 中不难看出随着截断数 m 的增大，各参数曲线趋近于某一值。当 $m \geqslant 12$ 时各参数数值基本保持不变，鉴于此认为截断数取 $m = 14$ 即可满足计算所需精度。图 1.4 为不同储罐半径(0.5m、1m、2m、3m)时各参数的变化趋势。

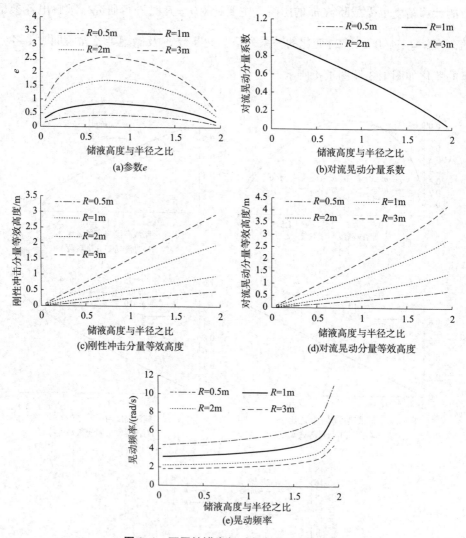

图 1.4　不同储罐半径时各参数的变化趋势

通过数据分析发现 $e = \dfrac{\boldsymbol{\psi}_1^{\mathrm{T}} \boldsymbol{N}}{m_1}$、对流晃动分量系数 $s = \dfrac{m_{\mathrm{c}}}{M_{\mathrm{L}}}$、晃动频率 ω、对流晃

动分量等效高度 h_{c} 以及刚性冲击分量等效高度 h_0 等参数随半径 R 以及 $x = \dfrac{H}{R}$ 的变

化规律与球形储罐中一致。因此同样可采用数据拟合获得各参数的近似解析解。

$$e = [1.064\sin(1.658x - 0.03106) + 0.2517\sin(3.291x + 1.272) +$$
$$0.02258\sin(6.611x + 0.7759) + 0.004921\sin(9.925x + 0.02279)]R \qquad (1.35)$$

$$s = 1.544\sin(1.215x + 1.066) + 0.7551\sin(1.697x + 3.652)$$
$$+ 0.007123\sin(5.91x + 2.316) + 0.002352\sin(8.921x + 2.322) \qquad (1.36)$$

$$h_c = (0.02506x^5 - 0.1013x^4 + 0.1546x^3 - 0.08502x^2 + 0.3243x - 0.001604)2R + h \qquad (1.37)$$

$$h_0 = (-0.002623x^5 + 0.01062x^4 - 0.01627x^3 + 0.01323x^2 + 0.2459x + 0.000193)2R \qquad (1.38a)$$

$$\omega = \lambda\sqrt{\frac{g}{R}} = \frac{-54.88x + 113.9}{x^5 - 3.9x^4 + 7.14x^3 - 2.415x^2 - 64.93x + 113.8}\sqrt{\frac{g}{R}} \qquad (1.38b)$$

通过水平惯性荷载的积分变换可求得由卧式储罐罐体、支承以及其他附件等的惯性力而产生的基底剪力以及倾覆弯矩表达式：

$$Q_2(t) = -m_s[\ddot{x}_g(t) + \ddot{x}_0(t)] \qquad (1.39)$$

$$M_2(t) = -[\ddot{x}_g(t) + \ddot{x}_0(t)]m_s(h + R) \qquad (1.40)$$

其中 m_s 为卧式储罐罐体、支承以及其他附件等的等效质量。

则根据等式(1.28)、等式(1.32)、等式(1.39)以及等式(1.40)可求得水平横向地震作用时总的基底剪力及倾覆弯矩表达式：

$$Q(t) = -(m_r + m_s)[\ddot{x}_g(t) + \ddot{x}_0(t)] - m_c[\ddot{x}_g(t) + \ddot{x}_0(t) + \ddot{x}_c(t)] \qquad (1.41)$$

$$M(t) = (m_r + m_s)[\ddot{x}_g(t) + \ddot{x}_0(t)]h_{rs} + m_c[\ddot{x}_g(t) + \ddot{x}_0(t) + \ddot{x}_c(t)]h_c \qquad (1.42a)$$

根据等式(1.41)和等式(1.42b)即可构造水平横向地震激励作用下卧式储罐的简化动力学模型，如图1.5所示。

图1.5中 k_c，c_c 分别为对流晃动分量等效刚度系数和阻尼系数，表达式如式(1.42b)所示。 $k_{rs} = \dfrac{m_s(h + R) + m_r h_0}{m_s + m_r}$。

$$k_c = m_c\omega^2, \quad c_c = 2\xi\omega m_c \qquad (1.42b)$$

其中 ω 为晃动频率，ξ 为晃动分量阻尼比，通常取 0.005。

k_0，c_0 分别为球形储罐支承系统的等效刚度系数和阻尼系数。根据 Hamilton 原理，可得运动方程为：

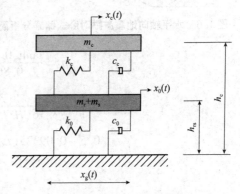

图1.5　水平横向地震激励下卧式储罐简化动力学模型

$$
\begin{bmatrix} m_{c} & m_{c} \\ m_{c} & m_{c}+m_{r}+m_{s} \end{bmatrix} \begin{Bmatrix} \ddot{x}_{c}(t) \\ \ddot{x}_{0}(t) \end{Bmatrix} + \begin{bmatrix} c_{c} & \\ & c_{0} \end{bmatrix} \begin{Bmatrix} \dot{x}_{c}(t) \\ \ddot{x}_{0}(t) \end{Bmatrix} + \begin{bmatrix} k_{c} & \\ & k_{0} \end{bmatrix} \begin{Bmatrix} x_{c}(t) \\ x_{0}(t) \end{Bmatrix}
$$

$$
= - \begin{Bmatrix} m_{c} \\ m_{c}+m_{r}+m_{s} \end{Bmatrix} \ddot{x}_{g}(t) \tag{1.43}
$$

通过 Newmark $-\beta$ 时程分析法或 Wiloson $-\theta$ 时程分析法等数值分析方法求解式(1.43)，便可求得球形储罐的地震响应。

1.3 水平轴向地震激励时卧式储罐地震响应理论分析方法

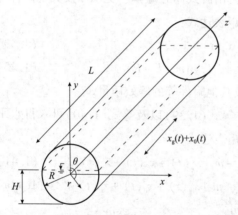

采用与 1.2.1 节中同样的基本假定。水平轴向地震激励时卧式储罐分析简图如图 1.6 所示。

可取与 x 轴垂直的任意截面为研究对象，将三维问题转化为二维问题。则此时问题与矩形水箱的问题类似，根据文献[42]，可得到矩形水箱两质点简化力学模型的参数：

图 1.6 水平轴向地震激励时卧式储罐分析简图

$$
m_{c} = 0.264(L/H)\tanh[3.16(H/L)]M_{L} \tag{1.44a}
$$

$$
m_{0} = \frac{\tanh[0.866(L/H)]}{0.866(L/H)}M_{L} \tag{1.44b}
$$

$$
h_{c} = \left[1 - \frac{\cosh[3.16(H/L)] - 1}{3.16(H/L)\sinh[3.16(H/L)]} \right]H \tag{1.45}
$$

$$
h_{r} = \begin{array}{ll} [0.5 - 0.09375(L/H)]H & L/H < 1.333 \\ 0.375H & L/H \geqslant 1.333 \end{array} \tag{1.46}
$$

$$
\omega_{c} = \sqrt{\frac{g\pi}{L}\tanh\left(\frac{\pi H}{L}\right)} \tag{1.47}
$$

根据卧式储罐的结构特点，可沿其 x 轴将其储液分割成 n 个厚 dx 的小薄块，每个薄块近似等于长为 L，宽为 dx，高为 h 的矩形储水池，如图 1.7(a)所示。则每一个薄块的晃动分量，刚性分量，晃动分量等效高度及刚性分量等效高度分

别为 m_{c1}，m_{c2}，$\cdots$，m_{cn}；m_{r1}，m_{r2}，$\cdots$，m_{rn}；h_{c1}，h_{c2}，$\cdots$，h_{cn}；h_{r1}，h_{r2}，$\cdots$，h_{rn}，其力学模型如图 1.7(b) 所示，则可得：

$$\mathrm{d}m_c = 0.264(L/h)\tanh\left[3.16(h/L)\right]\mathrm{d}M_L = 0.264L^2\tanh\left[3.16(h/L)\right]\mathrm{d}x \quad (1.48)$$

$$\mathrm{d}m_r = \frac{\tanh\left[0.866(L/h)\right]}{0.866(L/h)}\mathrm{d}M_L = \frac{h^2\tanh\left[0.866(L/h)\right]}{0.866}\mathrm{d}x \quad (1.49)$$

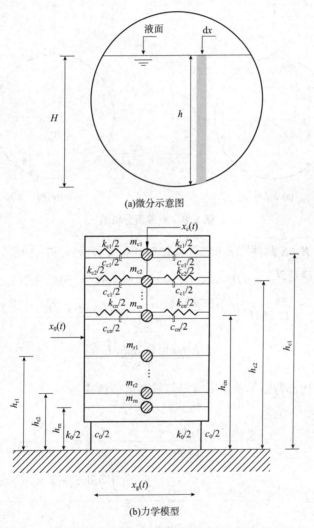

(a)微分示意图

(b)力学模型

图 1.7　水平轴向地震激励时简化分析图

卧式储罐横截面分析图如图 1.8 所示。根据底部剪力等效原则，可得卧式储罐轴向方向储液晃动分量及刚性分量：

$$m_{cc} = \int_{v_2} 0.264L^2 \tanh[3.16(h/L)]dx \qquad (1.50)$$

$$m_{rr} = \int_{v_2} \frac{h^2 \tanh[0.866(L/h)]}{0.866}dx \qquad (1.51)$$

认为 v_1 部分随罐壁一起运动，储液晃动主要由 v_2 部分贡献。

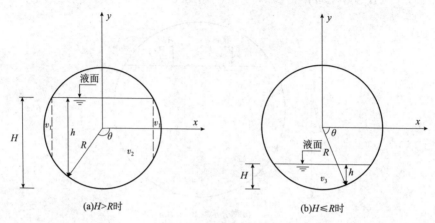

(a)$H > R$时 (b)$H \leqslant R$时

图 1.8 横截面分析图

分 $H > R$，$H \leqslant R$ 两种情况考虑，当 $H > R$ 时，因为对 v_1 和 v_2 两部分来说 h 可分别表示为 $h = 2\sqrt{R^2 - x^2}$，$h = H - R + \sqrt{R^2 - x^2}$，所以式(1.50)、式(1.51)可以写为：

$$m_{cc} = 0.264L^2 \int_{-\sqrt{R^2-(H-R)^2}}^{\sqrt{R^2-(H-R)^2}} \tanh\left[3.16\frac{H - R + \sqrt{R^2 - x^2}}{L}\right]dx \qquad (1.52)$$

$$m_{rr} = \int_{v_2} \frac{h^2 \tanh[0.866(L/h)]}{0.866}dx \qquad (1.53)$$

同样根据底部弯矩等效原则可得等效高度表达式：

$$h_{cc} = \frac{m_{c1}h_{c1} + m_{c2}h_{c2} + \cdots + m_{cn}h_{cn}}{m_{cc}} = \frac{\int_{v_2} h_c dm_c}{m_{cc}} \qquad (1.54)$$

$$h_{rr} = \frac{m_{r1}h_{r1} + m_{r2}h_{r2} + \cdots + m_{rn}h_{rn}}{m_{rr}} = \frac{\int_{v_2} h_r dm_r + 2 \times m_{v_1} \times h_{v_1}}{m_{rr}} \qquad (1.55)$$

因为晃动分量的等效刚度：$k_c = \omega_c^2 m_c$，由此可得：

$$\omega_{cc}^2 = \frac{\omega_{c1}^2 m_{c1} + \omega_{c2}^2 m_{c2} + \cdots + \omega_{cn}^2 m_{cn}}{m_{cc}} = \frac{\int_{v_2} \frac{g\pi}{L}\tanh\left(\frac{\pi(H - R + \sqrt{R^2 - x^2})}{L}\right)dm_c}{m_{cc}}$$

$$(1.56)$$

等效阻尼系数为:

$$c_{cc} = 2\xi_c\omega_{cc}m_{cc} \tag{1.57}$$

其中 $\xi_c = 0.005$ 为储液晃动阻尼比。

当 $H \leq R$ 时, $h = \sqrt{R^2 - x^2} - R + H$ 时, 储液对流晃动分量、刚性冲击分量以及对应的等效高度分别表示为:

$$m_{cc} = 0.264L^2 \int_{-\sqrt{R^2-(R-H)^2}}^{\sqrt{R^2-(R-H)^2}} \tanh\left[3.16\frac{\sqrt{R^2 - x^2} - R + H}{L}\right]dx \tag{1.58}$$

$$m_{rr} = \int_{-\sqrt{R^2-(R-H)^2}}^{\sqrt{R^2-(R-H)^2}} (\sqrt{R^2 - x^2} - R + H)^2 \frac{\tanh\left[0.866\dfrac{L}{\sqrt{R^2 - x^2} - R + H}\right]}{0.866}dx$$
$$\tag{1.59}$$

$$h_{cc} = \frac{m_{c1}h_{c1} + m_{c2}h_{c2} + \cdots + m_{cn}h_{cn}}{m_{cc}} = \frac{\int_{v_3} h_c dm_c}{m_{cc}} \tag{1.60}$$

$$h_{rr} = \frac{m_{r1}h_{r1} + m_{r2}h_{r2} + \cdots + m_{rn}h_{rn}}{m_{rr}} = \frac{\int_{v_3} h_r dm_r}{m_{rr}} \tag{1.61}$$

进而可得晃动频率:

$$\omega_{cc}^2 = \frac{\omega_{c1}^2 m_{c1} + \omega_{c2}^2 m_{c2} + \cdots + \omega_{cn}^2 m_{cn}}{m_{cc}} = \frac{\int_{v_2} \frac{g\pi}{L}\tanh\left(\frac{\pi(\sqrt{R^2 - x^2} - R + H)}{L}\right)dm_c}{m_{cc}}$$
$$\tag{1.62}$$

根据上述内容易推知卧式储罐轴向方向的基底剪力表达式及基底弯矩表达式同式(1.41)、式(1.42),则可构造出轴向的简化力学模型,如图1.9所示。根据 Hamilton 原理可推得运动控制方程,同式(1.43)。

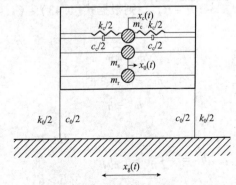

图1.9 水平轴向地震激励下卧式储罐简化动力学模型

上述提到，卧式储罐的结构形式与矩形储水池的构造较为相似。欧规 BS EN 1998 - 4：2006[43] 提到可采用将卧式容器简化为矩形罐的方法进行动态压力的计算。为进一步简化计算，可采用等效体积原则，将卧式储罐不规则的储液形态 v_2 部分等效为规则的矩形形态，可采用式(1.43) ～ (1.47)计算简化模型的各等效参数。等效原则为体积及自由液面的长、宽相等，如图1.10所示。

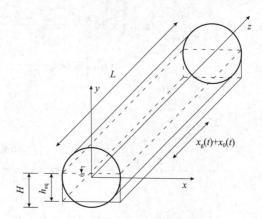

图1.10　矩形储液等效示意图

同样分 $H > R$，$H \leqslant R$ 两种情况考虑，根据简单的几何换算可得等效矩形储液高度 h_{eq}，可以表示为：

$$h_{eq} = \begin{cases} 1.5(H-R) + \dfrac{\arccos\left(\dfrac{H-R}{R}\right)R^2}{2\sqrt{R^2-(H-R)^2}} & H > R \\[4mm] \dfrac{\arccos\left(\dfrac{H-R}{R}\right)R^2 - (R-H)\times\sqrt{R^2-(R-H)^2}}{2\sqrt{R^2-(R-H)^2}} & H \leqslant R \end{cases} \qquad (1.63)$$

矩形储液宽为 $2\sqrt{R^2-(H-R)^2}$，则根据式(1.43) ～ (1.47)可求得简化力学模型的参数。则有：

$$m_{cc} = m_c \qquad (1.64)$$

$$m_{rr} = m_r + 2m_{v_1} \qquad (1.65)$$

$$h_{cc} = h_c \qquad (1.66)$$

$$h_{rr} = \begin{cases} h_r & H \leqslant R \\[3mm] \dfrac{2m_{v_1}R + m_r h_r}{m_{rr}} & H > R \end{cases} \qquad (1.67)$$

其中 m_{v_1} 分别表示 v_1 部分储液质量。储液晃动公式可表示为：

$$h_v = 0.811 \frac{L}{2} \left(\frac{\ddot{x}_c + \ddot{x}_0 + \ddot{x}_g}{g} \right) \tag{1.68}$$

选取某一半径 $R = 2\mathrm{m}$，罐体等效长度 $L = 12\mathrm{m}$ 为算例，对比分析上述直接法和等效矩形储液法计算简化动力学模型的各参数，计算结果如图 1.11 所示。从图 1.11 中的数据曲线可以看出，两种计算模型各参数十分契合，差异主要出现在 $H < R$ 时，说明对轴向地震作用时卧式储罐的地震响应计算可采用等效矩形储液法。

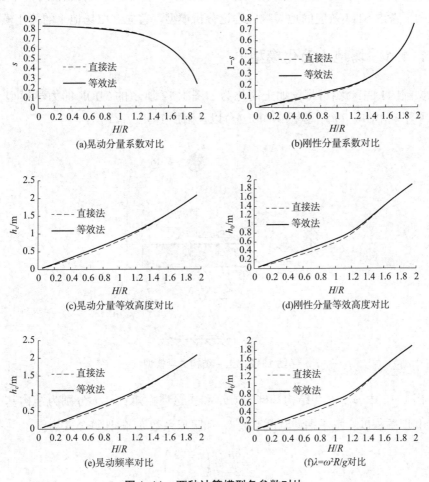

图 1.11　两种计算模型各参数对比

1.4 考虑 STLI 效应的卧式储罐地震响应理论分析方法

目前卧式储罐地震响应理论分析方法大多假定地面为刚性地基，而在实际工程中，结构在地震作用下，储液、罐体、地基和地面等作为一个整体系统随地震波一起运动，场地土与结构的相互作用对结构体系的地震动响应以及减、隔震措施的减震效率可能会产生较大的影响。因此本章节推导了卧式储罐在水平横向地震激励下考虑 STLI 效应的地震响应理论分析模型。首先介绍场地土的简化模型。

1.4.1 场地土简化模型

文献[41]中介绍可将场地土简化为如图 1.12 所示的 3DOF 的力学模型，包括水平平动 $\mathrm{DOF}x_\mathrm{H}(t)$，摆动 $\mathrm{DOF}x_\alpha(t)$ 以及附加 $\mathrm{DOF}x_\varphi(t)$。

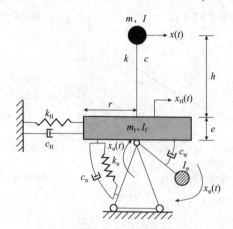

图 1.12 土-结构力学模型

图 1.12 中 m_f，I_f 为结构基础的质量和质量惯性矩；r，e 分别为结构基础的半径和埋置深度；水平平动刚度系数 k_H 和阻尼系数 c_H 的计算公式为：

$$k_\mathrm{H} = \frac{8\rho v_\mathrm{s}^2 r}{2-\nu}\left(1+\frac{e}{r}\right) \tag{1.69}$$

$$c_\mathrm{H} = \frac{r}{v_\mathrm{s}}\left(0.68+0.57\sqrt{\frac{e}{r}}\right)k_\mathrm{H} \tag{1.70}$$

摆动的转动刚度系数 k_α 和阻尼系数 c_α 的计算公式为：

$$k_\alpha = \frac{8\rho v_s^2 r^3}{3(1-\nu)}\left[1 + 2.3\,\frac{e}{r} + 0.58\left(\frac{e}{r}\right)^3\right] \tag{1.71}$$

$$c_\alpha = \frac{r}{v_s}\left[0.15631\,\frac{e}{r} - 0.08906\left(\frac{e}{r}\right)^2 - 0.00874\left(\frac{e}{r}\right)^3\right]k_H \tag{1.72}$$

附加的自由度包括质量惯性矩 I_φ 和阻尼参数 c_φ：

$$c_\varphi = \frac{r}{v_s}\left[0.4 + 0.03\left(\frac{e}{r}\right)^2\right]k_\alpha \tag{1.73}$$

$$I_\varphi = \left(\frac{r}{v_s}\right)^2\left[0.33 + 0.1\left(\frac{e}{r}\right)^2\right]k_\alpha \tag{1.74}$$

式中　ρ——土的密度；

　　　ν——土的泊松比；

　　　v_s——场地土的等效剪切波速。

1.4.2　水平横向地震激励下基于 STLI 的卧式储罐简化力学模型

将图 1.12 中的场地土模型与其上部球形储罐结合，构成图 1.13 中卧式储罐考虑 STLI 效应的力学体系。假定罐内储液为无旋、无黏、不可压缩的理想流体。

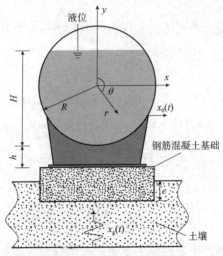

图 1.13　水平横向地震激励下考虑 STLI 效应的卧式储罐

由于 STLI 效应并不会影响对流晃动速度势方程的推导过程。据此可得水平横向地震激励下，考虑 STLI 效应后卧式储罐储液的对流晃动速度势，与式 (1.27) 一致，记为：

$$\varphi_s(r, \theta, t) = \dot{x}_c(t)\frac{\boldsymbol{\psi}_1^T \boldsymbol{N}}{m_1} \tag{1.75}$$

同样易知刚性冲击速度势的表达式:

$$\varphi_r = r[\dot{x}_g(t) + \dot{x}_0(t) + \dot{x}_H(t) + (R + h + y)\dot{x}_\alpha(t)]\sin\theta \tag{1.76}$$

根据式(1.75)和式(1.76)可得水平横向地震激励下,考虑 STLI 效应后卧式储罐储液的总速度势:

$$\varPhi = r[\dot{x}_g(t) + \dot{x}_0(t) + \dot{x}_H(t) + (R + h + y)\dot{\alpha}(t)]\sin\theta + \dot{x}_c(t)\frac{\boldsymbol{\psi}_1^T \boldsymbol{N}}{m_1} \tag{1.77}$$

根据总的流体速度势便可求得自由液面波动方程以及流体作用于罐壁的动态压力表达式:

$$h_v = -\frac{1}{g}\left([\ddot{x}_g(t) + \ddot{x}_0(t) + \ddot{x}_H(t) + (R + h + y)\ddot{\alpha}(t)] \cdot r \cdot \sin\theta + \ddot{x}_c(t)\frac{\boldsymbol{\psi}_1^T \boldsymbol{N}}{m_1}\right) \tag{1.78}$$

$$P(R, \theta, t) = -\rho\left([\ddot{x}_g(t) + \ddot{x}_0(t) + \ddot{x}_H(t) + (R + h + y)\ddot{\alpha}(t)] \cdot R \cdot \sin\theta + \ddot{x}_c(t)\frac{\boldsymbol{\psi}_1^T \boldsymbol{N}}{m_1}\right) \tag{1.79}$$

式中 ρ——流体密度。

可求得作用于罐壁上的流体动态压力产生的水平方向基底剪力表达式:

$$Q_1(t) = -m_r\ddot{a}_r(t) - m_c\ddot{a}_c(t) \tag{1.80}$$

其中:

$$\ddot{a}_r(t) = \ddot{x}_g(t) + \ddot{x}_0(t) + \ddot{x}_H(t) + h_0\ddot{\alpha}(t) \tag{1.81}$$

$$\ddot{a}_c(t) = \dot{x}_g(t) + \dot{x}_0(t) + \dot{x}_H(t) + h_c\ddot{\alpha}(t) + \ddot{x}_c(t) \tag{1.82}$$

$$m_c = 2LR\rho\int_{\theta_1}^{\pi}\frac{\boldsymbol{\psi}_1^T \boldsymbol{N}}{m_1}\sin\theta d\theta \tag{1.83}$$

$$m_r = M_L - m_c \tag{1.84}$$

$$M_L = \left(\pi - \theta_1 + \frac{\sin(2\theta)}{2}\right)R^2 L\rho \tag{1.85}$$

由流体动态压力而产生的作用于支承底部的倾覆弯矩表达式:

$$M_1(t) = -m_r h_0 \ddot{a}_r(t) - m_c h_c \ddot{a}_c(t) - I\ddot{x}_\alpha(t) \tag{1.86}$$

其中 h_c、h_0 参见式(1.37)和式(1.38a),$I = 2\rho R^2 L\kappa + m_r(h + R - h_0)h_0 + m_c(h + R - h_c)h_c$,$\kappa = R\frac{4\pi - 4\theta_1 + \sin(4\theta_1)}{32} - (R + h)\frac{\sin^3\theta_1}{3}$。

考虑卧式储罐的罐壁、支承等的惯性力,可推得总的基底剪力以及倾覆弯矩的表达式：

$$Q(t) = -m_r \ddot{a}_r(t) - m_c \ddot{a}_c(t) - m_s \ddot{a}_s(t) \tag{1.87}$$

$$M(t) = -m_r h_0 \ddot{a}_r(t) - m_c h_c \ddot{a}_c(t) - m_s(h+H)\ddot{a}_s(t) - I\ddot{x}_\alpha(t) \tag{1.88}$$

其中：$\ddot{a}_s(t) = \ddot{x}_g(t) + \ddot{x}_0(t) + \ddot{x}_H(t) + (h+R)\ddot{\alpha}(t)$

根据式（1.87）及式（1.88）可构建水平横向地震激励下卧式储罐考虑 STLI 效应的简化动力学模型，如图1.14 所示。

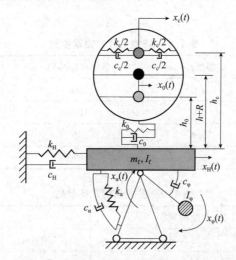

图1.14　水平横向地震激励下卧式储罐考虑 STLI 效应的简化动力学模型

根据 Hamilton 原理可推导该简化动力学模型的运动控制方程：

$$M\ddot{X} + C\dot{X} + KX = F \tag{1.89}$$

其中：

$$M = \begin{bmatrix} m_c & m_c & m_c & m_c h_c & 0 \\ m_c & m_c+m_r+m_s & m_c+m_r+m_s & m_c h_c+m_r h_0+m_s(h+R) & 0 \\ m_c & m_c+m_r+m_s & m_c+m_r+m_s+m_f & m_c h_c+m_r h_0+m_s(h+R) & 0 \\ m_c h_c & m_c h_c+m_r h_0+m_s(h+R) & m_c h_c+m_r h_0+m_s(h+R) & m_c h_c^2+m_r h_0^2+m_s(h+R)^2+I+I_f & 0 \\ 0 & 0 & 0 & 0 & I_\varphi \end{bmatrix};$$

$$C = \begin{bmatrix} c_c & & & & \\ & c_0 & & & \\ & & c_H & & \\ & & & c_\alpha+c_\varphi & -c_\varphi \\ & & & -c_\varphi & c_\varphi \end{bmatrix}; \quad K = \begin{bmatrix} k_c & & & & \\ & k_0 & & & \\ & & k_H & & \\ & & & k_\alpha & \\ & & & & 0 \end{bmatrix}; \quad X = \begin{Bmatrix} x_c \\ x_0 \\ x_H \\ x_\alpha \\ x_\varphi \end{Bmatrix}; \quad F = \begin{Bmatrix} m_c \\ m_c+m_r+m_s \\ m_c+m_r+m_s+m_f \\ m_c h_c+m_r h_0+m_s(h+R) \\ 0 \end{Bmatrix} \ddot{x}_g$$

1.5 STLI 效应对卧式储罐地震响应影响的算例分析

选取某一 LNG 卧式储罐工程实例作为算例进行地震动响应研究，设定储液高度 $H = 1.5R$。流体晃动分量占储液总质量的 0.3150。卧式储罐位于Ⅲ类场地，场地土层物理参数如表 1.1 所示。储罐抗震设计设防烈度为 8 度。储罐具体几何参数如表 1.2 所示。

表 1.1 场地土层的物理参数

土层	厚度/m	密度/（kg/m³）	剪切波速/（m/s）
素填土	2.6	1600	125
淤泥	6.0	1590	120
粉质黏土	5.4	1840	156
中粗砂	3.0	1850	265

表 1.2 卧式储罐几何参数

部件	结构参数	尺寸	材料
封头	封头深度	1200mm	Q345R
	封头壁厚	26mm	Q345R
筒体	筒体长度	14000mm	Q345R
	筒体内径	5000mm	Q345R
	筒体壁厚	24mm	Q345R
鞍座	鞍座中心至封头切线的距离	1200mm	16MnR
	鞍座宽度	800mm	16MnR
	鞍座包角	120°	16MnR
	鞍座高度	500mm	16MnR

第 1.4.1 节中介绍了场地土的简化模型，模型中包含场地土等效剪切波速 v_s，等效泊松比 ν，埋置深度 e，场地土密度 ρ 以及基础结构半径 r 等。场地土的等效剪切波速可参照文献 [44] 中的公式计算：

$$v_s = d_0/t \tag{1.90}$$

$$t = \sum_{i=e}^{n} (d_i/v_{si}) \tag{1.91}$$

式中 d_0——计算深度，取覆盖层厚度和 20m 两者的较小值；

t——剪切波在地面至计算深度之间的传播时间；

d_i——计算深度范围内第 i 土层的厚度；

v_{si}——计算深度范围内第 i 土层的剪切波速；

n——计算深度范围内土层的分层数。

根据式(1.90)及式(1.91)可算得卧式储罐所处场地土等效剪切波速 $v_s = 145.67\mathrm{m/s}$，场地土等效泊松比为 $\nu = 0.35$，场地土密度可按式(1.92)计算：

$$\rho = \frac{\sum_{i=1}^{n} d_i \rho_i}{\sum_{i=1}^{n} d_i} \qquad (1.92)$$

计算结果为 $\rho = 1716.8\mathrm{kg/m^3}$。基础埋置深度 $e = 0$，基础结构半径 $r = 2.5\mathrm{m}$。

则根据 1.4.1 节中式(1.69)~(1.74)可分别算得水平平动刚度系数和阻尼系数(k_H、c_H)，转动刚度系数和阻尼系数(k_α、c_α)以及附加的自由度质量惯性矩和阻尼参数(I_φ、c_φ)。

1.5.1　地震动选取

选取《建筑抗震设计规范》(GB 50011—2010)[44]中的规定符合Ⅲ类场地的 7 条加速度时程曲线作为地震输入，其中 5 条天然波，2 条人工合成波。调整地震波加速度时程曲线峰值 PGA $= 0.2g$，加速度反应谱如图 1.15 所示。

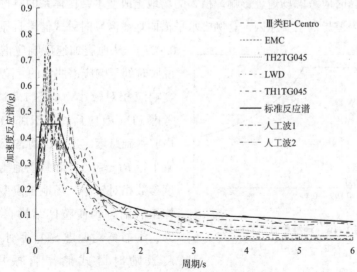

图 1.15　Ⅲ类场地加速度反应谱

注：$g = 9.81\mathrm{m/s^2}$。

1.5.2 地震响应对比分析

基于所提出的卧式储罐简化力学模型进行地震响应研究，以基底剪力、倾覆弯矩作为控制目标探讨 STLI 效应对球形储罐地震响应的影响，地震响应峰值计算结果如表 1.3 所示。

表 1.3 卧式储罐地震响应峰值对比

工况	EMC	TH2TG 045	LWD	TH1TG 045	El – Centro	人工波 1	人工波 2
基底剪力(刚性地基)/kN	267.1	241.7	263.3	274.6	273.0	500.3	413.8
基底剪力(STLI)/kN	530.6	673.9	776.8	678.2	458.1	732.0	682.0
差异率/%	− 98.65	− 178.82	− 195.0	− 146.98	− 67.80	− 46.31	− 64.81
倾覆弯矩(刚性地基)/(kN·m)	905.2	849.0	891.8	937.5	927.2	1696.9	1404.0
倾覆弯矩(STLI)/(kN·m)	1930.2	2381.9	2776.3	2434.8	1637.0	2533.1	2878.1
差异率/%	− 113.2	− 180.55	− 211.3	− 159.71	− 76.55	− 49.28	− 104.99

根据表 1.3 中的数据可知，考虑 STLI 效应后极大加剧了卧式储罐地震响应，基底剪力、倾覆弯矩的最大增幅分别可达 195.0%、211.3%，即相较于刚性地基假定下剪力、弯矩等主要控制目标可放大 1.95 倍。因此建议在进行卧式储罐地震响应计算时应考虑场地土影响。植入的场地土改变了结构体系的自振周期是导致计算结果差异的主要原因，算例中水平横向地震激励时卧式储罐自振周期约为

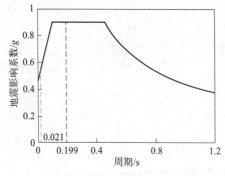

图 1.16 地震影响系数曲线

注：$g = 9.81 \text{m/s}^2$。

0.021s，从地震加速度响应谱的角度来说此时处于响应谱曲线的"上升段"，地震响应相对较小，如图 1.16 所示。而考虑 STLI 效应后，由于卧式储罐水平横向基础跨度 r 过小，通常小于卧式储罐半径 $R(r \leqslant R)$，导致场地土模型中刚度参数相对较小。场地土模型与上部结构组合后，致使整体结构自振周期增大，本书算例考虑 STLI 后水平横向地震激励时卧式储罐自振周期约为 0.199s，处于响应谱曲线的"平台段"，地震响应影响系数大幅增加。

参考文献

［1］中华人民共和国住房和城乡建设部. 石油化工钢制设备抗震设计标准（GB/T 50761—2018）
［S］. 北京：中国计划出版社，2012.

［2］中华人民共和国住房和城乡建设部. 构筑物抗震设计规范（GB 50191—2012）［S］. 北京：
中国计划出版社，2012.

［3］国家能源局.《卧式容器》标准释义与算例（NB/T 47042—2014）［S］. 国家能源局发
布，2014.

［4］BS EN 19984：2006. Eurocode 8：Design of structures for earthquake resistance – Part 4：Silos，
tanks and pipelines［S］. European Committee for Standardization，2006.

［5］American Petroleum Institute. Seismic Design of Storage Tanks – Appendix E，Welded Steel Tanks
for Oil Storage［S］. API Standard 650，Washington，D. C. ，1995.

［6］Bernard Budiansky. Sloshing of Liquids in Circular Canals and Spherical Tanks［J］. Journal of the
Aerospace Sciences，1960，27（3）：161 –173.

［7］N. N. Moiseev，A. A. Petrov. The Calculation of Free Oscillations of a Liquid in a Motionless Con-
tainer［J］. Advances in Applied Mechanics，1966，9：91 –154.

［8］David W. Fox，James R. Kuttler. Upper and Lower Bounds for Sloshing Frequencies by Intermedi-
ate Problems［J］. Zeitschrift fur Angewandte Mathematik und Physik，1981，32（6）：667 –682.

［9］David W. Fox，James R. Kuttler. Sloshing Frequencies［J］. Journal of Applied Mathematics and
Physics，1983，34：669 –696.

［10］N. Kobayashi，T. Mieda，H. Shibata，Y. Shinozaki. A Study of the Liquid Slosh Response in
Horizontal Cylindrical Tanks［J］. Journal of Pressure Vessel Technology，1989，111（1）：
32 –38.

［11］P. McIver. Sloshing Frequencies for Cylindrical and Spherical Containers Filled to an Arbitrary
Depth［J］. Journal of Fluid Mechanics，1989，201：243 –257.

［12］P. McIver，M. McIver. Sloshing Frequencies of Longitudinal Modes for a Liquid Contained in a
Trough［J］. Journal of Fluid Mechanics，1993，252：525 –541.

［13］D. V. Evans，C. M. Linton Sloshing Frequencies［J］. Journal of Mechanics and Applied Mathe-
matics，1993，46（1）：71 –87.

［14］李永录. 卧式储罐的抗震分析［C］. 中国金属学会冶金建筑学会青年学术年会，湖南长
沙，1998.

［15］S. Papaspyrou，S. A. Karamanos，D. Valougeorgis. Response of Half – Full Horizontal Cylinders

Under Transverse Excitation[J]. Journal of Fluids and Structures, 2004, 19: 985 – 1003.

[16] M. A. Platyrrachos, S. A. Karamanos. Finite Element Analysis of Sloshing in Horizontal – Cylindrical Industrial Vessels Under Earthquake Loading[C]. ASME 2005 Pressure Vessels and Piping Conference, Denver, Colorado USA.

[17] L. Xu. Fluid Dynamics in Horizontal Cylindrical Containers and Liquid Cargo Vehicle Dynamics [D]. Saskatchewan, Canada: University of Regina, 2005.

[18] L. Dai, L. Xu. A Numerical Scheme for Dynamic Liquid Sloshing in Horizontal Cylindrical Containers[J]. Proceedings of the Institution of Mechanical Engineers, Part D: Journal of Automobile Engineering, 2006, 220(7): 901 – 918.

[19] 孙利民, 张庆华, 赵勇. 卧式圆形储油罐液固耦合模态分析[J]. 郑州大学学报(工学版), 2005, 26(2): 89 – 91.

[20] Spyros A. Karamanos, Lazaros A. Patkas, Manolis A. Platyrrachos. Sloshing Effects on the Seismic Design of Horizontal – Cylindrical and Spherical Industrial Vessels[J]. Journal of Pressure Vessel Technology, 2006, 128(3): 328 – 340.

[21] Lazaros A. Patkas, Spyros A. Karamanos. Variational Solutions for Externally Induced Sloshing in Horizontal – Cylindrical and Spherical Vessels[J]. Journal of Engineering Mechanics, 2007, 133(6): 641 – 655.

[22] Stefan aus der Wiesche. Sloshing Dynamics of a Viscous Liquid in a Spinning Horizontal Cylindrical Tank[J]. Aerospace Science and Technology, 2008, 12(6): 448 – 456.

[23] S. Mitra, P. P. Upadhyay, K. P. Sinhamahapatra. Slosh Dynamics of Inviscid Fluids in Two – dimensional Tanks of Various Geometry Using Finite Element Method[J]. International Journal for Numerical Methods in Fluids, 2008, 56(9): 1625 – 1651.

[24] Spyros A. Karamanos, Dimitris Papaprokopiou, Manolis A. Platyrrachos. Finite Element Analysis of Externally – Induced Sloshing in Horizontal – Cylindrical and Axisymmetric Liquid Vessels [J]. Journal of Pressure Vessel Technology, 2009, 131(5): 051301 – 051311.

[25] M. I. Salem, V. H. Mucino, E. Saunders, M. Gautam, A. Lozano – Guzman. Lateral Sloshing in Partially Filled Elliptical Tanker Trucks Using a Trammel Pendulum[J]. International Journal of Heavy Vehicle Systems, 2009, 16(1 – 2): 207 – 224.

[26] S. M. Hasheminejad, M. Aghabeigi. Liquid Sloshing in Half – Full Horizontal Elliptical Tanks [J]. Journal of Sound and Vibration, 2009, 324(1 – 2): 332 – 349.

[27] O. M. Faltinsen, A. N. Timokha. A Multimodal Method for Liquid Sloshing in a Two – Dimensional Circular Tank[J]. Journal of Fluid Mechanics, 2010, 665: 457 – 479.

[28] Kalliopi Diamanti, Ioannis Doukas, Spyros A. Karamanos. Seismic Analysis and Design of Indus-

trial Pressure Vessels[C]. 3rd International Conference on Computational Methods in Structural Dynamics and Earthquake Engineering, 2011, Corfu, Greece.

[29]Seyyed M. Hasheminejad, Mostafa Aghabeigi. Transient Sloshing in Half – Full Horizontal Elliptical Tanks Under Lateral Excitation[J]. Journal of Sound and Vibration, 2011, 330(14): 3507 – 3525.

[30]Seyyed M. Hasheminejad, Mostafa Aghabeigi. Sloshing Characteristics in Half – Full Horizontal Elliptical Tanks With Vertical Baffles[J]. Applied Mathematical Modelling, 2012, 36(1): 52 – 71.

[31]Omar Badran, Mohamed S. Gaith, Ali Al – Solihat. The Vibration of Partially Filled Cylindrical Tank Subjected to Variable Acceleration[J]. Engineering, 2012, 4: 540 – 547.

[32]Amir Kolaei, Subhash Rakheja, Marc J. Richard. Range of Applicability of the Linear Fluid Slosh Theory for Predicting Transient Lateral Slosh and Roll Stability of Tank Vehicles[J]. Journal of Sound and Vibration, 2014, 333(1): 263 – 282.

[33]S. M. Hasheminejad, M. M. Mohammadi, Miad Jarrahi. Liquid Sloshing in Partly – Filled Laterally – Excited Circular Tanks Equipped With Baffles[J]. Journal of Fluids and Structures, 2014, 44: 97 – 114.

[34]Amir Kolaei, Subhash Rakheja, Marc J. Richard. Three – Dimensional Dynamic Liquid Slosh in Partially – Filled Horizontal Tanks Subject to Simultaneous Longitudinal and Lateral Excitations [J]. European Journal of Mechanics B – Fluids, 2015, 56: 215 – 263.

[35]Spyros A. Karamanos, Angeliki Kouka. A Refined Analytical Model for Earthquake – Induced Sloshing in Half – Full Deformable Horizontal Cylindrical Liquid Containers[J]. Soil Dynamics and Earthquake Engineering, 2016, 85: 191 – 201.

[36]蔡红梅. 大型卧式 LNG 储罐力学响应及加强圈位置的影响分析[D]. 大庆: 东北石油大学, 2016.

[37]S. M. Hasheminejad, H. Soleimani. An Analytical Solution for Free Liquid Sloshing in a Finite – Length Horizontal Cylindrical Container Filled to an Arbitrary Depth[J]. Applied Mathematical Modelling, 2017, 48: 338 – 352.

[38]Alessandra Fiore, Carlo Rago, Ivo Vanzi, Rita Greco, Bruno Briseghella. Seismic Behavior of a Low – Rise Horizontal Cylindrical Tank[J]. International Journal of Advanced Structural Engineering, 2018, 10(2): 143 – 152.

[39]吕远, 孙建刚, 孙宗光, 等. 水平地震激励下卧式储罐考虑储液晃动的简化力学模型[J]. 振动与冲击, 2020, 13: 125 – 133.

[40]Yuan Lyu, Jiangang Sun, Zongguang Sun, et al. Seismic Response Calculation Method and Sha-

king Table Test of Horizontal Storage Tanks Under Lateral Excitation[J]. Earthquake Engineering & Structural Dynamics, 2020, first published: 08 September 2020. DOI: 10. 1002/eqe. 3349.

[41]Yuan Lyu, Jiangang Sun, Zongguang Sun, et al. Simplified Mechanical Model for Seismic Design of Horizontal Storage Tank Considering Soil – Tank – Liquid Interaction[J]. Ocean Engineering, 2020, 198: 106953.

[42] ACI 350. 3 – 01. Code Requirements for Environmental Engineering Concrete Structures (ACI 350. 3 – 01) and Commentary[S]. American Concrete Institute, 2006.

[43]BS EN 1998 – 4: 2006. Eurocode 8: Design of Structures for Earthquake Resistance—Part 4: Silos, Tanks and Pipelines[S]. European Committee for Standardization, 2006.

[44]中华人民共和国住房和城乡建设部. 建筑抗震设计规范(GB 50011—2010)[S]. 北京：中国计划出版社，2016.

第2章　卧式储罐滚动隔震基本理论及减震分析

本章将滚动隔震应用于卧式储罐，针对卧式储罐结构特点设计了对应的滚动隔震装置，提出了球形储罐和卧式储罐滚动隔震体系，建立了对应的滚动隔震简化动力学模型。基于所建立的简化动力学模型和地震响应时程分析方法，首先研究了卧式储罐纯滚动隔震状态下的减震效率，并从不同隔震周期以及不同地震输入两个角度进行了讨论；其次研究了考虑STLI效应后对卧式储罐滚动隔震减震性能的影响；最后对附加滑动摩擦的卧式储罐复合滚动隔震进行了研究，分别讨论了附加阻尼器后对滚动隔震减震性能的影响。

2.1　滚动隔震研究现状

基础隔震技术——通过在建筑结构与地基之间装置一个"柔性"的隔震层，在一定程度上隔断地震能量自下而上的传导，能大幅度地降低上部结构的地震响应。目前较常见的基础隔震形式有铅芯橡胶隔震支座[见图2.1(a)]、摩擦滑移隔震装置[见图2.1(b)]、滚动隔震装置、混合隔震装置等，国内外学者针对不同类型隔震装置的力学性能、隔震机制及效果进行了系统的探究，取得了丰硕的成果[1-9]。目前在世界范围内隔震技术的应用十分广泛，包括中国、日本、新西兰、智利、秘鲁、哥伦比亚和厄瓜多尔等国家正在大力推动基础隔震技术的应用，据日本隔震学会(Japan Society of Seismic Isolation)称，截至2015年12月，日本已拥有4100座采用了基础隔震的商业和机构建筑物[10]。

(a)铅芯橡胶隔震支座　　　　　　　　(b)摩擦滑移隔震装置

图2.1　隔震装置

自复位滚动隔震是一种十分有效的基础隔震形式，其具有隔震效果好，震后自复位能力强，结构构造相对简单，造价相对低廉，隔震周期可任意调整等其他隔震装置不可比拟的优点。但滚动隔震同样具有竖向承载力不佳等缺点，因此滚动隔震装置多应用于重要文物和设备的隔震保护。由于石化行业中卧式储罐多用于存储轻质油类和一些液化气，整体结构的重量相对较轻，对隔震层竖向承载力要求不高。所以，滚动隔震是一种非常适用于卧式储罐的隔震措施。

1993 年，Lin 和 Hone[11]提出采用滚动隔震措施保护上部结构的安全的概念。1995 年，Lin 等[12]针对滚动隔震进行了实验研究和理论分析，发现滚动隔震可以显著降低结构的地震响应，但在地震过程中结构会出现较大的偏移。1998 年，Jangid 和 Londhe[13]提出了采用椭圆滚子的滚动隔震系统，并进行了数值分析。结果表明，该滚动隔震系统能较好地控制结构的地震动响应，且不会造成较大的隔震层位移。同年，Zhou Q 等[14]将带凹面自复位滚动隔震系统应用于砌体结构，并通过振动台试验研究了其减震效果，研究结果表明采用滚动隔震后能有效降低地震动响应，防止墙体裂缝的出现。1999 年，姚谦峰等[15]对自复位滚动系统进行了理论分析并给出了隔震体系的计算模型及运动方程。2000 年，孙建刚等[16]提出了立式储罐自复位滚动隔震体系，进行了振动台实验研究，结果表明该隔震系统对短周期地震动响应有较好的控制作用。2006 年，Butterworth[17]研究了上下凹面非同心圆滚动隔震系统的隔震性能。与传统的滚动隔震系统相比，该滚动隔震系统使上部结构加速度峰值响应显著降低，尤其是在高强度地面运动中作用时效果更好。2007 年，为了控制滚动隔震系统隔震层的偏移，Guerreiro 等[18]基于改变滚动接触面材料以此来提高滚动隔震系统耗能能力的方法，提出了新型橡胶层滚动隔震体系并进行了试验研究，研究结果表明新型滚动隔震体能大幅降低加速度响应，阻尼增加了近30%，橡胶层的材料及厚度对隔震效果有显著影响。

2010 年, 赵安兴[19]提出了一种椭球体滚动基础隔震措施, 并通过数值分析论证了该隔震措施的可行性, 认为其对中低层结构具有较好的减震效率。2011 年, Housseini 和 Soroor[20]提出了一种水平双向滚轴滚动隔震装置(图 2.2), 其中凹面和滚子在 x 和 y 方向上呈正交叠加布置。该隔震系统可以在 x、y 方向独立滚动, 实现水平多方向隔震。同年, 王林建[21]提出了一种橡胶圆管 - 轴承滚动隔震装置, 并将其应用于输电塔。

图 2.2 Housseini 和 Soroor 提出的水平双向滚轴滚动隔震装置

2013 年, Harvey 和 Gavin[22]介绍一种基于球滚动的滚动隔震平台(图 2.3)。隔震平台由四对凹进的钢制碗形凹面组成, 通过钢框架连接到振动的地板上, 四个钢球轴承位于这些碗形凹面之间。模拟了球形滚动系统的三维运动, 研究发现隔震装置的旋转会导致滚球偏离上下凹面中心之间的中心线。

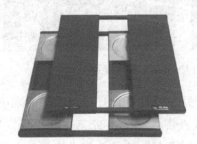

图 2.3 Harvey 和 Gavin 提出的滚动隔震平台

2016 年, 郝进锋[23]针对大型立式浮顶储罐基础形式, 设计了新型滚动隔震措施并进行了数值分析及试验研究, 结果表明所设计的自复位滚动隔震系统能较好地控制储罐的地震动响应。同年, 孙建刚等[24]进行了立式储罐滚动隔震振动台试验研究, 试验结果表明, 采用滚动隔震后罐壁处加速度峰值的减震率达到了75%, 罐壁应力大幅降低, 但滚动隔震对储液晃动波高的控制有限。陶连金等[25]将双向滚轴式滚动隔震装置应用于地下结构, 滚动隔震装置设置于柱顶,并进行了地震动响应数值分析，研究结果表明，选取适当的圆弧滑道半径和滚动摩擦系数，隔震效率可达到 50% ~ 70%。Fiore Alessandra 等人[26]对滚动面上铺有橡胶层的钢球隔震系统的动力特性进行了理论研究。由于橡胶的黏弹性特性，这种装置使上部结构与地面运动解耦并通过橡胶的阻尼性耗散地震能量。2018 年，张磊[27]结合村镇房屋特点提出了一种新型钢滚轴隔震支座，推导了对应的恢复力力学模型，并进行了地震响应研究。研究结果表明，滚动隔震可降低 1/2 ~ 6/7 的结构加速度响应。2019 年，Huseyin Cilsalar 和 Michael C. Constantinou[28,29]提出了一种适用于轻型住宅建筑的低成本滚动隔震装置（图 2.4）。该滚动隔震装置滚子为一种可变形的钢塑滚动球，碗形凹面为高强混凝土浇筑而成。2020 年，吕远等人[30]提出了一种变曲率滚动隔震体系，基于力的平衡原则推导了该滚动隔震的恢复力模型，并进行了力学性能分析。将该变曲率滚动隔震体系应用于球形储罐，并进行了地震响应研究，研究结果表明滚动基础隔震能够有效地减小球形储罐地震动响应，尤其对基底剪力及倾覆弯矩的控制，对储液晃动波高也有一定的控制作用。

图 2.4　Huseyin Cilsalar 等人提出的滚动隔震装置

经过最近三十多年的发展，滚动隔震作为一种具有良好减震性能的减震控制方式已逐渐获得行业认可，其自身特性及减震性能的探究已得到长足发展。根据其滚子、凹面的形态差异，以及滚动接触面介质的差异衍生出了各类滚动隔震装置及对应的分析方法和力学模型。同时增加滚动隔震系统的阻尼已逐渐成为滚动隔震研究的主流方向之一。随着隔震技术的发展和推广，滚动隔震作为一种性能优良、构造简单且造价低廉的隔震措施具有十分广阔的应用前景，尤其在轻质建筑（如农村地区的木结构建筑）和重要文物，以及石化行业的重要设备中的应用。

2.2　卧式储罐纯滚动隔震地震响应理论研究

2.2.1　卧式储罐纯滚动隔震体系介绍

针对卧式储罐设计了一种双层正交布置的钢制滚轴式滚动隔震装置，如图2.5所示。滚动隔震装置由上下两层正交的滚轴滚动系统组成，可分别在两个正交的方向独立滚动，任何水平方向的地震动均可分解为这两个正交方向的运动，以此实现水平面任意方向隔震，滚动凹槽可设计为椭圆弧或圆弧形。相对于滚球式滚动隔震来说，相同外形尺寸条件下，滚轴式滚动隔震的竖向承载力能提高1.5～3倍。卧式储罐纯滚动隔震体系示意图如图2.6所示。

带圆弧或椭圆凹槽顶层剪切板：连接上部结构

中间层剪切板：带有上下正交布置的圆弧或椭圆凹槽

带圆弧或椭圆凹槽的底层剪切板：与基础连接

双层正交布置的滚轴

图2.5　滚轴式滚动隔震装置

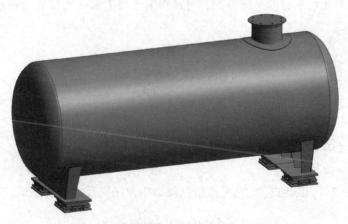

图2.6　卧式储罐纯滚动隔震体系示意图

2.2.2 双层正交布置的钢制滚轴式滚动隔震装置恢复力模型

带凹槽的自复位滚动隔震系统按滚子的差异可分为滚轴式、滚球式以及椭球式，本书中滚动隔震体系主要针对滚轴式。滚动隔震按凹面的差异又可分为弧形、V形等。凹面曲线形式对滚动隔震系统恢复力力学模型有着决定性影响。由于滚动隔震多为对称体系，可采用降维法将三维滚动简化为二维分析问题。滚动隔震系统二维受力分析图如图2.7所示，以下部凹面曲线的中心为原点建立直角坐标系，凹面二维的曲线函数为 $y = f(x)$，曲率半径为 $R(x)$，上部配重为 m。

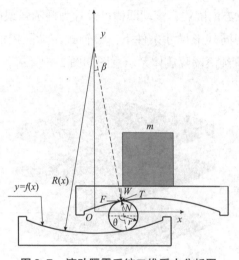

图2.7　滚动隔震系统二维受力分析图

根据竖向及水平力的平衡原则，可推得滚子与上部凹面接触面在水平、竖向的平衡方程：

$$W\cos\beta + F\sin\beta - N = 0 \tag{2.1}$$

$$W\sin\beta - F\cos\beta + T = 0 \tag{2.2}$$

式中　W——上部结构作用于滚子的竖向荷载；

　　　F——滚动隔震装置的恢复力；

　　N，T——滚子与上底板接触面的法向反力与切向摩擦力；

　　　β——旋转角。

根据式(2.1)以及式(2.2)可推得恢复力以及法向反力的表达式：

$$F = W\tan\beta + \frac{T}{\cos\beta} \tag{2.3}$$

$$N = W\cos\beta + F\sin\beta = W\sec\beta + T\tan\beta \tag{2.4}$$

切向摩擦力 T 可以表示为[31]：

$$T = \mathrm{sgn}(\dot{v})\frac{\mu N}{r} = \mathrm{sgn}\left(\frac{\dot{x}}{\cos\beta}\right)\frac{\mu W}{r\cos\beta}\left[\frac{1}{1 - \mathrm{sgn}\left(\dfrac{\dot{x}}{\cos\beta}\right)\dfrac{\mu}{r}\tan\beta}\right] \tag{2.5}$$

式中　r——滚子半径；

　　　μ——滚动摩阻系数。

将式(2.5)代入式(2.3)可得：

$$F = W\tan\beta + \mathrm{sgn}(\dot{x})\frac{\mu W}{r}\left[\frac{1 + \tan^2\beta}{1 - \mathrm{sgn}(\dot{x})\dfrac{\mu}{r}\tan\beta}\right] \tag{2.6}$$

根据几何关系可知 $\tan\beta = y'$，则式(2.6)可写作：

$$F = Wy' + \mathrm{sgn}(\dot{x})\frac{\mu W}{r}\left[\frac{1 + y'^2}{1 - \mathrm{sgn}(\dot{x})\dfrac{\mu}{r}y'}\right] \tag{2.7}$$

式(2.7)即为凹面滚动隔震体系通用的恢复力表达式，可根据凹面曲线方程 $y = f(x)$，求得具体滚动隔震的恢复力力学模型，本章主要针对椭圆、圆弧两种凹面形式的滚动隔震进行具体恢复力力学模型的求解。

2.2.2.1　椭圆凹面变曲率滚动隔震恢复力力学模型

假定凹面曲线为椭圆，则按原有坐标系，下底板滚动切面的椭圆方程为：

$$\frac{x^2}{a^2} + \frac{y^2}{b^2} = 1 \tag{2.8}$$

根据式(2.8)可得 $y' = \dfrac{b^2}{a^2}\left(b^2 - \dfrac{b^2}{a^2}x^2\right)^{-\frac{1}{2}}x$，据此，式(2.7)可写作：

$$F = kx + \mathrm{sgn}(\dot{x})\frac{\mu W}{r}\left[\frac{1 + y'^2}{1 - \mathrm{sgn}(\dot{x})\dfrac{\mu}{r}y'}\right] \tag{2.9}$$

其中 $k = W\dfrac{b^2}{a^2}\left(b^2 - \dfrac{b^2}{a^2}x^2\right)^{-\frac{1}{2}}$，为相对底板的恢复刚度。根据几何关系可知上顶板在水平方向的偏移量，可表示为：

$$x_0 = 2x - 2r\frac{y'}{\sqrt{1 + y'^2}} \tag{2.10}$$

则恢复力公式可以写作：

$$F = k_0 x_0 + \text{sgn}(\dot{x}) \frac{\mu W}{r} \left[\frac{1 + y'^2}{1 - \text{sgn}(\dot{x}) \frac{\mu}{r} y'} \right] \qquad (2.11)$$

其中 $k_0 = \dfrac{kx}{x_0}$，为相对隔震装置顶板的恢复刚度。式(2.11)中等号右侧第一项为弹性恢复力，第二项为滚动摩擦力。其中变曲率滚动隔震自复位等效刚度

$k_0 = \dfrac{Wy'}{2x - 2r \dfrac{y'}{\sqrt{1 + y'^2}}}$，则其自振周期：

$$T_i = 2\pi \sqrt{\frac{m}{k}} = 2\pi \sqrt{\frac{2x - 2r \dfrac{y'}{\sqrt{1 + y'^2}}}{y'g}} \qquad (2.12)$$

由式(2.12)可知，变曲率滚动隔震装置的自振周期主要由椭圆长短轴、滚子的半径及滚子滚动时所处的位置决定。根据文献[31]可知滚子滚动的起滚力为：

$F_q = \dfrac{F_N \mu}{r}$。

2.2.2.2 圆弧凹面定曲率滚动隔震恢复力力学模型

当凹面形式为圆弧时，亦可简化为二维滚动进行力学分析。根据以往研究成果可知，当隔震层位移与隔震装置有效曲率半径 $2(R - r)$ 之比小于 $0.2 \sim 0.3$ 时，滚动隔震恢复刚度变化较小，可采用简化的线性恢复力刚度和隔震周期公式进行滚动隔震研究，如式(2.13)、式(2.14)所示。

$$k = \left(\frac{2\pi}{T_i} \right)^2 m \qquad (2.13)$$

$$T_i = 2\pi \sqrt{\frac{S}{g}} = 2\pi \sqrt{\frac{2(R - r)}{g}} \qquad (2.14)$$

式中　R——圆弧凹面曲率半径；

　　　r——滚子半径；

　　　m——上部质量。

从式(2.13)、式(2.14)可知，当上部质量一定时，自振周期和等效刚度为凹面曲率半径及滚子半径的相关函数，与装置相对位移无关。此种简化方法大大简化了滚动隔震研究、设计的计算过程。但滚动隔震在遭遇强烈地震时，虽能有效"隔断"地震能量自下而上的传导，降低上部结构的地震响应，但由于较弱的耗能机制，隔震层处可能形成较大的相对位移。当隔震层位移与有效曲率半径2

$(R-r)$之比大于0.3时，上述的线性化计算模型不再适用，此时需考虑不同隔震层位移对恢复力的影响。

圆弧凹面滚动隔震恢复力模型是椭圆凹面的一种特殊情况，此时$a = b = R$，因此可根据式(2.11)直接求得圆弧凹面滚动隔震的恢复力：

$$F = -W[4(R-r)^2 - x_0^2]^{-\frac{1}{2}}x_0 + \text{sgn}(\dot{x}_0)\frac{\mu W}{r}\left[\frac{1 + y'^2}{1 - \text{sgn}(\dot{x})\frac{\mu}{r}y'}\right]$$

$$\tag{2.15}$$

$$= -kx_0 + \text{sgn}(\dot{x}_0)\frac{\mu W}{r}\left[\frac{1 + y'^2}{1 - \text{sgn}(\dot{x})\frac{\mu}{r}y'}\right]$$

式(2.15)中等号右边第一项为弹性恢复力，第二项由摩擦力构成。其中变曲率滚动隔震自复位刚度$k = W[4(R-r)^2 - x_0^2]^{-\frac{1}{2}}$，则其自振周期：

$$T = 2\pi\sqrt{\frac{m}{k}} = 2\pi\sqrt{\frac{[4(R-r)^2 - x_0^2]^{\frac{1}{2}}}{g}} \tag{2.16}$$

此时$y' = -[4(R-r)^2 - x_0^2]^{-\frac{1}{2}}x_0$。从式(2.16)可以看出，圆弧凹面滚动隔震的隔震周期与凹面曲率半径、滚子半径、隔震层偏移量相关。隔震设计时应首先确定滚子的尺寸大小，而后根据所需隔震周期进行凹面曲率半径的设计。

2.2.3　卧式储罐纯滚动隔震简化力学模型

2.2.3.1　水平横向地震激励时

根据第2章的推导过程可知对流晃动分量的推导并不受滚动隔震的影响，仅刚性冲击分量的边界条件发生变化。结合第2章中卧式储罐地震响应理论分析方法，将带凹面自复位滚动隔震体系应用于卧式储罐，边界条件式(1.2)转变为：

$$\frac{\partial \varphi_r}{\partial r}\Big|_{r=R} = [\dot{x}_g(t) + \dot{x}_0(t) + \dot{x}_i(t)]\sin\theta \tag{2.17}$$

其中$x_i(t)$为隔震层相对位移，$x_0(t)$为鞍座变形。钢制鞍式支座的侧向刚度通常远大于隔震层侧向刚度，即$x_i(t) \gg x_0(t)$。为了简化计算模型，可忽略鞍式支座微小变形的影响，假定其为完全刚性，则边界条件式(2.17)可简化为：

$$\frac{\partial \varphi_r}{\partial r}\Big|_{r=R} = [\dot{x}_g(t) + \dot{x}_i(t)]\sin\theta \tag{2.18}$$

其他推导条件和过程不变，在水平地震激励下，作用于卧式储罐底部的基底剪力和倾覆弯矩为：

$$Q(t) = -(m_r + m_s + m_i)[\ddot{x}_g(t) + \ddot{x}_i(t)] - m_c[\ddot{x}_g(t) + \ddot{x}_i(t) + \ddot{x}_c(t)]$$

(2.19)

$$M(t) = -(m_r + m_s)[\ddot{x}_g(t) + \ddot{x}_i(t)]h_{rs} + m_c[\ddot{x}_g(t) + \ddot{x}_i(t) + \ddot{x}_c(t)]h_c$$

(2.20)

式(2.20)中忽略了隔震层高度,则 $h_{rs} = \dfrac{m_s(h+R) + m_r h_0}{m_s + m_r}$。根据式(2.17)以及式(2.18)可构造出横向地震激励时卧式储罐自复位滚动隔震的简化动力学模型,如图2.8所示。

根据 Hamilton 原理,可推得简化动力学模型的运动控制方程:

$$\begin{bmatrix} m_c & m_c \\ m_c & m_c + m_r + m_s + m_i \end{bmatrix} \begin{Bmatrix} \ddot{x}_c(t) \\ \ddot{x}_i(t) \end{Bmatrix} + \begin{bmatrix} c_c & \\ & 0 \end{bmatrix} \begin{Bmatrix} \dot{x}_c(t) \\ \dot{x}_i(t) \end{Bmatrix} + \begin{bmatrix} k_c & \\ & k_i \end{bmatrix} \begin{Bmatrix} x_c(t) \\ x_i(t) \end{Bmatrix}$$

$$= -\begin{Bmatrix} m_c \\ m_c + m_r + m_s + m_i \end{Bmatrix} \ddot{x}_g(t) + \begin{Bmatrix} 0 \\ F_f \end{Bmatrix}$$

(2.21)

式中 k_i——隔震层等效刚度系数;

F_f——隔震层滚动摩阻力。

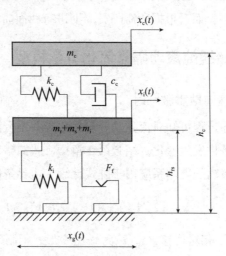

图2.8 水平横向地震激励时卧式储罐自复位滚动隔震的简化动力学模型

2.2.3.2 水平轴向地震激励时

第1.3节中提出,轴向地震激励时卧式储罐的地震响应计算可采用等效矩形储液法将卧式储罐简化为矩形储罐,充分利用现有的矩形储罐简化模型参数。滚动隔震时同样采用此简化方式。采用与2.2.3.1节中相似的方法,同样忽略鞍座的变形，假定其为完全刚性，则水平轴向地震激励时卧式储罐自复位滚动隔震同样为具有两个集中质量的简化力学模型，与图2.8类似。其基底剪力、倾覆弯矩以及运动控制方程的表达式分别与式(2.19)、式(2.20)、式(2.21)相同，只是其中参数计算方法存在差异，详见本章中的推导过程。

2.2.4　算例分析

选取与1.5节中相同的卧式储罐作为算例进行地震动响应研究，设定储液高度 $H=1.5R$。卧式储罐位于Ⅲ类场地，设防烈度为8度。储罐具体几何参数如表1.2所示。选取 El-Centro 波作为轴向和纵向地震动输入，调整 PGA$=0.2g$。

根据所选卧式储罐实例，设计隔震周期 $T_i=3s$，滚子的半径 $r=30mm$，则根据式(2.12)可算得椭圆凹面的几何参数 $a=214.3mm$，$b=40mm$，根据式(2.16)可算得圆弧形凹面的曲率半径 $R=1147.1mm$，滚动摩阻系数 $\frac{\mu}{r}=0.001$，滚轴长度 $L=400mm$。

隔震装置采用轴承合金钢材料，弹性模量和泊松比约为207GPa和0.3。卧式储罐施加于隔震层的竖向荷载约为1700kN。根据赫兹接触理论，当滚动隔震形式为滚轴与凹槽时，如图2.9所示，可采用式(2.22)计算最大接触应力 σ_r。其中当凹槽形式为椭圆时，按初始位置的曲率半径 $\frac{a^2}{b}=1148.1mm$ 计算，此时与球凹面曲率半径大致相同，可等效于按圆弧凹槽进行竖向承载力计算。

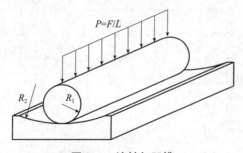

图2.9　滚轴与凹槽

$$\sigma_r=\left[\frac{F}{\pi L}\left(\frac{R_2-R_1}{R_1R_2}\right)\left(\frac{1-\nu_1^2}{E_1}+\frac{1-\nu_2^2}{E_2}\right)^{-1}\right]^{\frac{1}{2}} \tag{2.22}$$

式中　E_1，E_2——滚子与凹面的弹性模量；

　　　ν_1，ν_2——滚子与凹面的泊松比；

L——滚轴长度。

进行滚动隔震装置承载力计算时需满足$(\sigma_s、\sigma_r) < [\sigma_{sp}]$，$[\sigma_{sp}]$为允许最大接触应力，与滚子与凹面的材料相关。

根据式(2.22)可算得滚轴与凹面最大静接触应力随滚轴数量的变化曲线，如图2.10所示。根据图2.10可知隔震层布置4个滚轴即可满足最大静接触应力小于4800MPa[32]，从安全性角度考虑建议布置滚轴数量8个，即鞍座底部装置4个滚轴式滚动隔震装置，最大静接触应力为789.7MPa。图2.11为椭圆凹槽和圆弧凹槽两种滚动隔震装置在卧式储罐自重作用下的恢复力滞回曲线。当隔震层位移超过150mm后，椭圆凹槽滚动隔震恢复力曲线呈现出较强的非线性，随着隔震层位移的继续增大，与圆弧凹槽的差异亦逐渐增大。

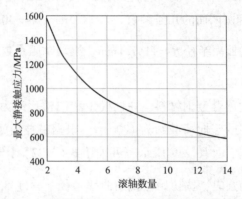

图2.10　最大静接触应力随滚轴数量的变化曲线

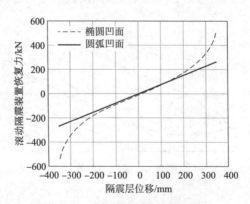

图2.11　滚动隔震恢复力滞回曲线

2.2.4.1　水平横向地震激励时纯滚动隔震研究

选取Ⅲ类场地 El – Centro 波作为水平横向地震动输入，调整 $PGA = 0.2g$。加速度时程曲线及其频谱特性如图 2.12 及图 2.13 所示。以流体晃动波高、流体动态压力、基底剪力、倾覆弯矩和隔震层位移等作为控制目标,采用 Newmark $-\beta$ 时程分析法进行卧式储罐滚动隔震地震响应时程分析。计算结果如图 2.14 以及图 2.15 所示。图 2.14(a)以及图 2.14(b)分别展示了基底剪力与倾覆弯矩地震响应时程曲线,从图中可以看出采用滚动隔震措施后基底剪力与倾覆弯矩的峰值大幅降低,减震率均超过了 60%。同时也观察到椭圆凹槽与圆弧凹槽滚动隔震计算所得基底剪力与倾覆弯矩峰值差异相对较小。说明采用滚动隔震后能有效降低卧式储罐鞍座承受的动态荷载。

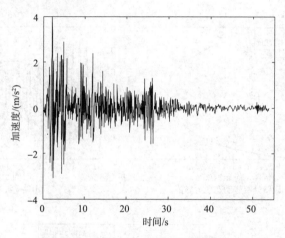

图 2.12 EI – Centro 波加速度时程曲线

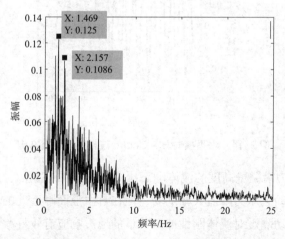

图 2.13 EI – Centro 波频谱特性

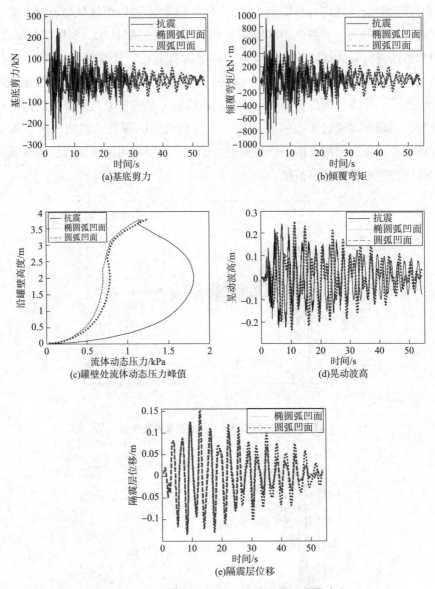

图 2.14　水平横向 El - Centro 波作用下地震响应

　　图 2.14(c)为沿罐壁高度的流体动态压力峰值,图中显示,采用滚动隔震后储罐中下部流体动态压力峰值大幅削弱,但在自由液面附近处的动态压力减震效果较差,说明滚动隔震对流体刚性冲击分量的地震响应有较好减震效果,但对流体晃动控制效果相对较差。正如图 2.14(d)中流体晃动波高时程曲线所示,采用滚动隔震后晃动波高峰值几乎没有降低,椭圆凹槽滚动隔震甚至放大了流体的晃

动。隔震措施虽然很大程度上隔断了地震能量自下而上的传导，但由于设计隔震周期 3s 与流体晃动周期 2.3s 十分接近，易激发流体晃动的共振响应，导致流体晃动响应减震率相对较差。

图 2.14(e) 为隔震层位移时程曲线，水平横向 El – Centro 波作用下椭圆凹槽与圆弧凹槽滚动隔震的隔震层位移峰值分别为 $x_{imax} = 0.146m$，$x_{imax} = 0.139m$。隔震层位移与有效曲率半径 $2(R-r)$ 之比小于 0.2。观察图 2.11 中滞回曲线可知，在此范围内隔震装置恢复力可认为大致处于线性状态，且椭圆凹槽与圆弧凹槽恢复力差异较小，由此可知两种滚动隔震的减震效果大致相同，减震率差异在 5% 以内，即可以认为当隔震层位移峰值 $x_{imax} \leqslant 0.4(R-r)$ 时，椭圆凹槽与圆弧凹槽滚动隔震的减震率大致相同。

图 2.15 为 El – Centro 波加速度响应谱曲线，卧式储罐非隔震状态时结构自振周期约为 0.021s，位于加速度响应谱曲线第一阶段的"上升段"，具体谱值为 2.15m/s²。而采用滚动隔震后，结构自振周期延长至 3s 附近，避开了响应谱曲线的"上升段"和"平台段"，加速度响应谱值位于"下降段"的 0.646m/s²，相比于非隔震状态的加速度响应

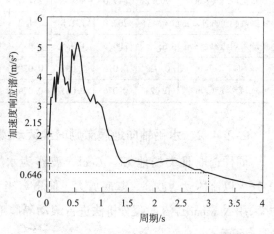

图 2.15 El – Centro 波加速度响应谱曲线

值大幅降低，说明采用滚动隔震后极大延长了结构自振周期，避开了场地卓越周期，达到降低地震响应的目的。

选取图 1.15 中 7 条地震波作为地震动输入，研究不同水平横向地震激励时滚动隔震的减震效率。地震响应峰值计算结果如表 2.1 所示。根据表 2.1 中数据可知，不同地震动输入时基底剪力及倾覆弯矩减震率波动较大，EMC 地震波作用时减震率最高，超过了 90%，"人工波 2"作用时减震率最差，为 36% ~ 40%。说明地震的不确定性将会较大地影响卧式储罐滚动隔震的减震效果。观察表 2.1 中地震响应峰值的平均值，其中基底剪力及倾覆弯矩的减震率保持在 66% 以上，采用滚动隔震措施能够有效降低水平横向地震激励时卧式储罐承受的动态荷载，但对流体晃动的控制相对较差。

表2.1 水平横向地震作用时Ⅲ类场地地震动响应峰值对比

工况	EMC	TH2TG045	LWD	TH1TG045	El Centro	人工波1	人工波2	均值	均值减震率/%
h_v 抗震/m	0.115	0.147	0.233	0.197	0.244	0.292	0.260	0.213	
h_v 椭圆轨道/m	0.052	0.106	0.111	0.116	0.254	0.205	0.402	0.178	16.43
h_v 球形轨道/m	0.045	0.076	0.106	0.117	0.238	0.200	0.468	0.179	15.96
Q 抗震/kN	267.1	241.7	263.3	274.6	273.0	500.3	413.8	319.1	
Q 椭圆轨道/kN	18.8	58.6	39.6	60.9	116.2	181.1	250.3	103.6	67.53
Q 球形轨道/kN	18.8	57.8	39.0	59.5	104.0	149.9	249.3	96.9	69.63
M 抗震/kN·m	905.2	849.0	891.8	937.5	927.2	1696.9	1404.0	1087.4	
M 椭圆轨道/kN·m	63.3	203.8	131.8	211.3	395.8	625.2	897.9	361.3	66.77
M 球形轨道/kN·m	63.2	200.9	129.8	206.5	353.6	519.3	870.1	334.8	69.21
x_i 椭圆轨道/m	0.023	0.076	0.051	0.079	0.146	0.210	0.293	0.125	
x_i 球形轨道/m	0.023	0.076	0.051	0.079	0.139	0.200	0.332	0.129	

2.2.4.2 水平轴向地震激励时纯滚动隔震研究

同样选取Ⅲ类场地El-Centro波作为水平轴向地震动激励，调整 PGA = $0.2g$。以流体晃动波高、基底剪力、倾覆弯矩和隔震层位移等作为控制的目标，并采用 Newmark-β 时程分析法进行滚动隔震地震响应时程分析。计算结果如图2.16所示。

从图2.16(a)、(b)中可以看出，水平轴向El-Centro波激励下采用滚动隔震措施后能在一定程度上控制卧式储罐的基底剪力及倾覆弯矩，峰值减震率约为46%，相对水平横向地震激励时减震率降低约14%。

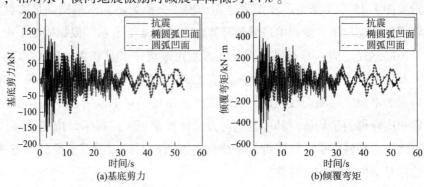

图2.16 水平轴向El-Centro波作用下地震响应时程曲线

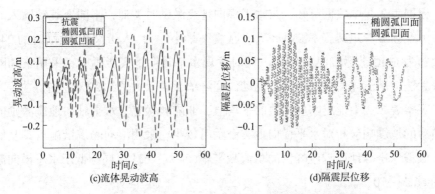

(c)流体晃动波高　　　　　　　　　　(d)隔震层位移

图2.16　水平轴向 El – Centro 波作用下地震响应时程曲线(续)

同时从图2.16(c)中观察到水平轴向地震激励时，采用滚动隔震后放大了流体的晃动响应。图2.16(d)中显示椭圆凹槽滚动隔震与圆弧凹槽滚动隔震时隔震层位移时程曲线走势和峰值几乎保持一致，隔震层位移峰值约为0.12m，小于 $0.4(R-r)$，此时两种滚动隔震力学性能接近，其减震率大致相同。

选取图1.15中7条地震波作为地震动输入，研究不同水平轴向地震激励时滚动隔震的减震效率。地震响应峰值计算结果如表2.2所示。

表2.2　水平轴向地震作用时 Ⅲ 类场地地震动响应峰值对比

工况	EMC	TH2T G045	LWD	TH1T G045	El Centro	人工波1	人工波2	均值	均值减震率/%
h_v 抗震/m	0.023	0.032	0.067	0.065	0.152	0.680	0.649	0.238	
h_v 椭圆轨道/m	0.049	0.051	0.068	0.097	0.275	0.765	0.769	0.296	− 24.37
h_v 球形轨道/m	0.049	0.051	0.086	0.097	0.277	0.719	0.741	0.289	− 21.42
Q 抗震/kN	195.3	177.8	174.5	181.4	187.0	383.6	288.6	222.3	
Q 椭圆轨道/kN	30.9	51.2	53.3	51.2	99.8	164.5	218.8	94.2	57.62
Q 球形轨道/kN	30.8	51.4	53.4	50.5	94.1	154.6	173.9	85.8	61.40
M 抗震/kN · m	550.4	501.1	490.7	512.3	528.0	1090.2	813.3	624.4	
M 椭圆轨道/kN · m	86.1	143.9	149.1	143.9	280.3	476.9	632.3	266.8	57.27
M 球形轨道/kN · m	85.8	143.7	149.5	142.1	264.2	449.7	505.4	243.3	61.03
x_i 椭圆轨道/m	0.039	0.065	0.068	0.065	0.124	0.192	0.236	0.111	
x_i 球形轨道/m	0.039	0.067	0.068	0.065	0.123	0.202	0.228	0.112	

根据表2.2中数据可知，与水平横向地震激励时类似，不同地震动输入时基底剪力及倾覆弯矩减震率波动较大，减震率最小的为"人工波2"激励时的24%，最大的为EMC波激励时的84%。同时发现水平轴向地震激励时，采用滚动隔震不仅无法抑制流体的晃动效应，晃动波高峰值反而放大了约20%左右。

观察表2.2中地震响应峰值的平均值，非隔震状态下水平轴向地震激励时卧式储罐的地震响应相对水平横向地震激励时较小，采用滚动隔震措施后其基底剪力、倾覆弯矩等地震响应峰值的均值减震率(57%~61%)同样低于水平横向激励时的66%~70%。

2.3　考虑STLI效应的卧式储罐滚动隔震理论研究

本节主要讨论水平横向地震激励时考虑场地土-储罐-流体相互作用对卧式储罐滚动隔震减震效率的影响。

2.3.1　考虑STLI效应的卧式储罐滚动隔震简化力学模型

考虑场地土-储罐-流体相互作用(STLI)的影响，研究其对卧式储罐滚动隔震的影响。流体对流晃动分量的推导过程并不受滚动隔震的影响，仅刚性冲击分量的边界条件发生变化。结合本章中的卧式储罐地震响应理论分析方法，将带凹面自复位滚动隔震体系应用于卧式储罐，同时忽略隔震层的高度影响，则可得边界条件：

$$\frac{\partial \varphi_r}{\partial r}\Big|_{r=R} = \left[\dot{x}_g(t) + \dot{x}_i(t) + \dot{x}_H(t) + (h+R+y)\dot{\alpha}(t) \right]\sin\theta \tag{2.23}$$

其中$x_i(t)$为隔震层相对位移。其他推导条件和过程不变，则水平地震激励下，作用于卧式储罐底部的基底剪力为：

$$\begin{aligned}
Q(t) = &-m_r\left[\ddot{x}_g(t) + \ddot{x}_i(t) + \ddot{x}_H(t) + h_0\ddot{\alpha}(t) \right] \\
&-m_c\left[\ddot{x}_g(t) + \ddot{x}_i(t) + \ddot{x}_H(t) + h_c\ddot{\alpha}(t) + \ddot{x}_c(t) \right] \\
&-m_s\left[\ddot{x}_g(t) + \ddot{x}_i(t) + \ddot{x}_H(t) + (h+R)\ddot{\alpha}(t) \right] \\
&-m_i\left[\ddot{x}_g(t) + \ddot{x}_i(t) + \ddot{x}_H(t) \right]
\end{aligned} \tag{2.24}$$

倾覆弯矩为：

$$M(t) = -m_r h_0 \left[\ddot{x}_g(t) + \ddot{x}_i(t) + \ddot{x}_H(t) + h_0 \ddot{\alpha}(t) \right]$$
$$- m_c h_c \left[\ddot{x}_c(t) + \ddot{x}_g(t) + \ddot{x}_i(t) + \ddot{x}_H(t) + h_c \ddot{\alpha}(t) \right]$$
$$- m_s (R+h) \left[\ddot{x}_g(t) + \ddot{x}_i(t) + \ddot{x}_H(t) + (R+h) \ddot{\alpha}(t) \right] - I\ddot{\alpha}(t) \qquad (2.25)$$

式(2.25)中忽略了隔震层高度。

其中：ρ_1 为罐壁密度；$I = 2\rho R^2 L\kappa + m_r(h + R - h_0)h_0 + m_c(h + R - h_c)h_c$；

$$\kappa = R \frac{4\pi - 4\theta_1 + \sin(4\theta_1)}{32} - (R+h)\frac{\sin^3\theta_1}{3}$$

由式(2.24)和式(2.25)可构造出卧式储罐考虑 STLI 效应的简化动力学模型，如图2.17 所示。

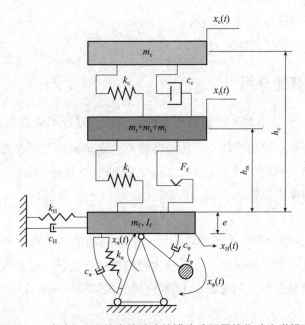

图2.17　考虑 STLI 效应的卧式储罐滚动隔震简化动力学模型

该简化动力学模型的运动控制方程为：

$$M\ddot{X} + C\dot{X} + KX = -F \qquad (2.26)$$

忽略隔震层的高度，其中：

$$M = \begin{bmatrix} m_c & m_c & m_c & m_c h_c & 0 \\ m_c & m_c + m_r + m_s + m_i & m_c + m_r + m_s + m_i & m_c h_c + m_r h_0 + m_s(h+R) & 0 \\ m_c & m_c + m_r + m_s + m_i & m_c + m_r + m_s + m_i + m_f & m_c h_c + m_r h_0 + m_s(h+R) & 0 \\ m_c h_c & m_c h_c + m_r h_0 + m_s(h+R) & m_c h_c + m_r h_0 + m_s(h+R) & m_c h_c^2 + m_r h_0^2 + m_s(h+R)^2 + I + I_f & 0 \\ 0 & 0 & 0 & 0 & I_\varphi \end{bmatrix};$$

$$F = \begin{Bmatrix} m_c \\ m_c + m_r + m_s + m_i \\ m_c + m_r + m_s + m_i + m_f \\ m_c h_c + m_r h_0 + m_s(h+R) \\ 0 \end{Bmatrix} + \begin{Bmatrix} 0 \\ F_f \\ 0 \\ 0 \\ 0 \end{Bmatrix}; \quad X = \begin{Bmatrix} x_c \\ x_i \\ x_H \\ x_\alpha \\ x_\varphi \end{Bmatrix}; \quad C = \begin{bmatrix} c_c \\ & 0 \\ & & c_H \\ & & & c_\alpha + c_\varphi & -c_\varphi \\ & & & -c_\varphi & c_\varphi \end{bmatrix};$$

$$K = \begin{bmatrix} k_c \\ & k_i \\ & & k_H \\ & & & k_\alpha \\ & & & & 0 \end{bmatrix}$$

式中 k_i——隔震层等效刚度系数；

F_f——隔震层滚动摩阻力。

2.3.2 算例分析

同样选取 1.5 节中的卧式储罐作为研究对象，设计的隔震周期同样为 $T_i = 3s$。采用双层正交布置的滚轴式滚动隔震装置，滚动隔震方式选择定曲率圆弧凹槽滚动隔震，凹面曲率半径 $R = 1147.1mm$，滚轴半径为 $r = 30mm$，滚轴长度 $L = 400mm$，取滚动摩阻系数 $\mu/r = 0.01$。卧式储罐位于Ⅲ类场地，场地土层物理参数如表 1.1 所示。

选取图 1.15 中七条Ⅲ类场地波作为水平地震动输入，调整 PGA = 0.2g。以基底剪力、倾覆弯矩、隔震层位移等作为控制目标，进行滚动隔震地震响应时程分析。基于刚性地基假定的考虑 STLI 效应的卧式储罐地震响应峰值对比如表 2.3 所示。

根据表中数据可知相对抗震状态，采用滚动隔震措施后极大削弱了场地土对卧式储罐地震响应的影响。抗震状态时考虑场地土、不考虑场地土两种条件下基底剪力、倾覆弯矩计算结果最大差异率为 195%、211%，而采用滚动隔震措施后此值降至 27.66%、26.74%。由于滚动隔震层侧向刚度远小于场地土模型中刚度参数，因此场地土对滚动隔震结构体系自振周期影响极小。采用滚动隔震措施后（隔震周期 $T_i = 3s$）不考虑场地土、考虑场地土影响时结构基本自振周期基本保持一致，有效地隔断了上部结构与场地土之间的耦联，因此极大弱化了 STLI 效应对上部结构的影响。

表2.3　卧式储罐采用滚动隔震后地震响应峰值对比

工况	EMC	TH2TG 045	LWD	TH1TG 045	El–Centro	人工波1	人工波2
基底剪力(刚性地基)/kN	18.8	57.8	39.0	59.5	104.0	149.9	249.3
基底剪力(STLI)/kN	24.0	59.5	38.2	57.1	94.2	146.6	235.1
差异率/%	−27.66	2.94	2.05	4.03	9.42	2.20	5.70
倾覆弯矩(刚性地基)/kN·m	63.2	200.9	129.8	206.5	353.6	519.3	870.1
倾覆弯矩(STLI)/kN·m	80.1	207.8	128.0	198.14	322.1	508.4	820.6
差异率/%	−26.74	−3.43	1.39	4.41	8.91	2.10	5.69
隔震层位移(刚性地基)/m	0.032	0.081	0.053	0.078	0.129	0.198	0.316
隔震层位移(STLI)/m	0.033	0.081	0.052	0.077	0.128	0.197	0.317
差异率/%	−3.13	0	1.89	1.28	0.78	0.51	−0.32

2.4　附加滑动摩擦阻尼器的卧式储罐复合滚动隔震理论研究

2.4.1　附加滑动摩擦阻尼器的复合滚动隔震装置

基于滚动隔震、滑动摩擦阻尼器耗能减震组合运用的结构控制思想，提出了一种由压缩弹簧提供正压力的滑动摩擦阻尼器，通过与滚动隔震并联组合形成新型的复合滚动隔震装置，其结构示意图如图2.18所示。在每一层滚轴滚动方向的两侧安装压缩弹簧滑动摩擦装置，摩擦装置的结构由弹簧、活塞杆、钢筒及上下摩擦板组成，利用上部结构部分自重提供竖向正压力，通过摩擦体系产生摩擦阻尼力。滑动摩擦阻尼器由滑块、压缩弹簧、活塞杆、钢筒等构成。

图2.18　附加压缩弹簧滑动摩擦阻尼器的滚轴式滚动隔震装置

复合滚动隔震装置的恢复力除滚动装置的自复位力外，摩擦面还会提供一个与运动方向相反的滑动摩擦力。根据滚动装置的结构，发生滚动时上部结构除了发生水平偏移外，还会产生一个相对较小的竖向位移，因此弹簧的压缩量也会随之变化，进而影响摩擦面的正压力大小。所以当滚动装置发生滚动时，摩擦面的正压力以及提供的水平方向滑动摩擦力为：

$$N_t' = k_t(\Delta H - H') \tag{2.27}$$

$$F_{fs} = N_t'\mu \tag{2.28}$$

式中 H'——由于滚动引起的竖向位移；

μ——滑动摩擦系数。

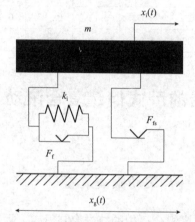

图 2.19 附加压缩弹簧滑动摩擦阻尼器复合滚动隔震恢复力力学模型

根据上述内容可知，附加压缩弹簧滑动摩擦阻尼器的滚动隔震装置的恢复力可表示为：

$$F = kx_i + F_f + F_{fs} = kx_i + F_f + N_t'\mu\,\text{sgn}(\dot{x}_i) \tag{2.29}$$

附加压缩弹簧滑动摩擦装置的复合滚动隔震恢复力力学模型和恢复力滞回曲线如图 2.19、图 2.20 所示。附加滑动摩擦阻尼器后隔震层恢复力滞回曲线形成饱满的滞回环，有效提高了滚动隔震的耗能机制。

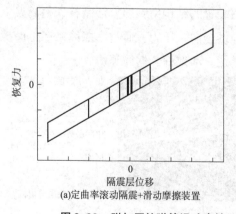

(a)定曲率滚动隔震+滑动摩擦装置

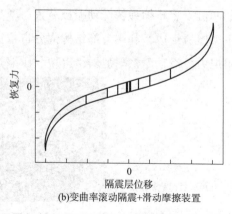

(b)变曲率滚动隔震+滑动摩擦装置

图 2.20 附加压缩弹簧滑动摩擦阻尼器复合滚动隔震恢复力滞回曲线

2.4.2 压缩弹簧滑动摩擦阻尼器的设计方法

压缩弹簧滑动摩擦阻尼器装置的设计，首先需确定整体隔震体系所需的滑动摩擦力 F_{fs}，可采用等效阻尼比法。将滚动隔震装置与摩擦装置看作一个整体，则复合滚动隔震层的等效阻尼比为：

$$\zeta_f = \frac{W_{fs}}{4\pi W_{sd}} \tag{2.30}$$

式中 W_{fs}——隔震层在一个滞回循环内消耗的能量；

W_{sd}——隔震层在同一振动循环内最大弹性应变能。

由于滑动摩擦装置并未提供刚度参数，且忽略滚动摩擦的影响，则可得：

$$W_{sd} = \frac{1}{2}k_i x_i^2 \tag{2.31}$$

$$W_{fs} = 4F_{fs}x_i \tag{2.32}$$

假定隔震层上部竖向荷载为 W，摩擦装置上部承担的正压力为 λW，根据 2.2.2 节中的推导可知：

$$k_i = (1-\lambda)Wf(x_i) \tag{2.33}$$

$$F_{fs} = \lambda W \mu \operatorname{sgn}(\dot{x}_i) \tag{2.34}$$

根据式(2.31)~式(2.34)，可将式(2.30)转换为：

$$\zeta_f = \frac{2\lambda\mu \operatorname{sgn}(\dot{x}_i)}{\pi(1-\lambda)f(x_i)x_i} \tag{2.35}$$

等效阻尼比与压力比 λ、滑动摩擦系数 μ 以及隔震层位移 x_i 相关。

纯滚动隔震时总的基底剪力的表达式可以写作：

$$Q_{max} = k_i x_{imax} \tag{2.36}$$

附加滑动摩擦阻尼器后，隔震层的基底剪力可表示为：

$$Q'_{max} = k_i x'_{imax} + F_{fs} \tag{2.37}$$

以隔震层位移为目标参数，假定考虑滑动摩擦阻尼器后隔震层的位移为纯滚动时的 λ_x 倍，记作 $x'_{imax} = \lambda_x x_{imax}$，则可得判定公式：

$$\frac{Q'_{max} - F_{fs}}{Q_{max}} \leqslant \lambda_x \tag{2.38}$$

滑动摩擦阻尼器设计时，根据实际情况选定目标参数 λ_x。将储罐简化为单质点体系，结合反应谱法分算得 Q_{max}，进而可算得 $x_{imax} = \dfrac{Q_{max}}{k_i}$，则式(2.35)中等

效阻尼比公式可写作:

$$\zeta_f = \frac{2\lambda\mu}{\pi(1-\lambda)f(\lambda_x x_{imax})\lambda_x x_{imax}} \tag{2.39}$$

选定摩擦滑块材料,可获得滑动摩擦面滑动摩擦系数 μ。选定压力比 λ 作为控制参数,将储罐简化为单质点体系,结合反应谱法分算得 Q'_{max}。将计算结果带入式(2.38),若满足条件则可初步确定滑动摩擦力和压力比;若不满足条件,则重新选择控制参数,重复上述计算过程,直至满足式(2.38)。根据压力比即可算得压缩弹簧装置承担的正压力 N_t。假定隔震层共装置 n 个弹簧,则单个弹簧承担的正压力为 N_t/n。根据此正压力,参照《机械设计手册 轴 弹簧》[33]设计压缩弹簧的具体尺寸,并确定预留间隙 ΔH。滑动摩擦装置的活塞杆、钢筒滑块等的尺寸及构造可根据实际工程情况自行设定。最后可根据时程分析法验算附加压缩弹簧滑动摩擦装置是否满足要求。压缩弹簧滑动摩擦阻尼器设计流程如图2.21所示。

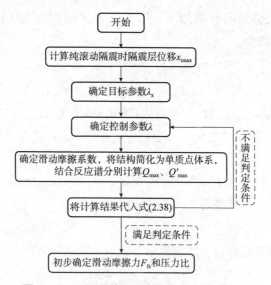

图2.21　压缩弹簧滑动摩擦阻尼器设计流程

2.4.3　附加滑动摩擦阻尼器的卧式储罐复合滚动隔震简化力学模型

基于刚性地基假定,本节主要研究附加滑动摩擦阻尼器后对卧式储罐自复位滚动隔震的影响,同样分水平横向与轴向地震激励两种情况分别讨论。

2.4.3.1 水平横向地震激励时卧式储罐复合滚动隔震简化动力学模型

结合第1.2节、第2.2.2节及第2.4.1节中建立的理论模型可构造出水平横向地震激励下附加滑动摩擦阻尼器的卧式储罐复合滚动隔震的简化动力学模型，如图2.22所示。

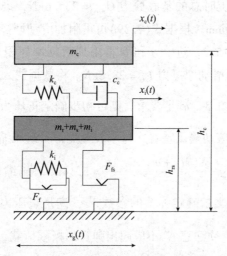

图2.22 水平横向地震激励下卧式储罐复合滚动隔震的简化动力学模型

根据 Hamilton 原理，可推得简化动力学模型的运动控制方程：

$$\begin{bmatrix} m_c & m_c \\ m_c & m_c+m_r+m_s+m_i \end{bmatrix} \begin{Bmatrix} \ddot{x}_c(t) \\ \ddot{x}_i(t) \end{Bmatrix} + \begin{bmatrix} c_c & \\ & 0 \end{bmatrix} \begin{Bmatrix} \dot{x}_c(t) \\ \dot{x}_i(t) \end{Bmatrix} + \begin{bmatrix} k_c & \\ & k_i \end{bmatrix} \begin{Bmatrix} x_c(t) \\ x_i(t) \end{Bmatrix}$$

$$= -\begin{Bmatrix} m_c \\ m_c+m_r+m_s+m_i \end{Bmatrix} \ddot{x}_g(t) + \begin{bmatrix} 0 \\ F_f+F_{fs} \end{bmatrix} \tag{2.40}$$

2.4.3.2 水平轴向地震激励时卧式储罐复合滚动隔震简化动力学模型

水平轴向地震激励时卧式储罐复合滚动隔震同样为具有两个集中质量的简化力学模型，与图2.22类似。其运动控制方程与式(2.40)相同，但模型中各参数计算方法不同，已在第2.2.3.2节中介绍说明。

2.4.4 滑动摩擦阻尼器设计以及算例分析

同样选取1.5节中的卧式储罐作为研究对象，设计的隔震周期同样为 $T_i = 3s$。滚动隔震方式选择定曲率圆弧凹槽滚动隔震，凹面曲率半径 $R = 1147.1mm$，滚轴半径 $r = 30mm$，滚轴长度 $L = 400mm$，取滚动摩阻系数 $\mu/r = 0.01$。

　　根据 2.4.2 节中提出的压缩弹簧滑动摩擦阻尼器设计方法，首先确定目标参数 $\lambda_x = 0.5$，选取控制参数压力比 $\lambda = 0.05$，滑块滑动接触面采用 C304 不锈钢板，接触面滑动摩擦系数 μ 约为 0.35。以水平横向地震激励为例，首先将卧式储罐简化为单质点体系，结合《建筑抗震设计规范》（GB 50011—2010）[34] 中反应谱，可算得纯滚动隔震时总的基底剪力 $Q_{max} = 235.6\text{kN}$，进而可算得此时最大隔震层位移 $x_{imax} = 0.320\text{mm}$。根据式（2.39）可得附加滑动摩擦阻尼器后滚动隔震层的等效阻尼比 $\zeta_f = 0.1577$。进一步可算得附加滑动摩擦阻尼器后总的基底剪力 $Q'_{max} = 130.0\text{kN}$，总的滑动摩擦力 $F_{fs} = 28.8\text{kN}$。将数据代入式（2.38）的判定公式 $\dfrac{130 - 28.8}{235.6} = 0.4295 \leqslant 0.5$，满足要求，则可初步确定正压力以及所需总的滑动摩擦力。设计装置 4 个滚动隔震装置，每个装置配备 4 组压缩弹簧，则单个弹簧承担的最大正压力为 $N_i = \dfrac{\lambda(M_L + m_s + m_i)g}{16} = 5.14\text{kN}$。压缩弹簧等效刚度可按式（2.41）计算。可根据文献确定弹簧的参数[33]，满足正压力需求后，可算得弹簧初始压缩量 $\Delta H = \dfrac{N_i}{k_s}$，须注意 N_i 不应超出弹簧的极限荷载，同时 ΔH 也不应小于滚动隔震装置有可能出现的最大竖向位移。

$$k_s = \frac{Gd^4}{8nD^3} \tag{2.41}$$

式中　G——弹簧钢丝剪切弹性模量；

　　　d——线径；

　　　n——有效圈数；

　　　D——弹簧中心直径。

　　根据上述，可选择线径 $d = 12\text{mm}$，中心直径 $D = 50\text{mm}$ 的弹簧，弹簧材料为碳钢，剪切弹性模量 $G = 7.854 \times 10^{10}\text{N/m}$，工作极限荷载 7688N，满足正压力需求。弹簧单圈极限变形为 4.728mm，设定有效圈数 $n = 3$，则弹簧等效刚度约为 $k_s = 511.3\text{N/mm}$，为达到初始正压力，初始压缩量 $\Delta H = 10.05\text{mm} < 4.728 \times 3 = 14.184\text{mm}$。

　　以 $\text{PGA} = 0.2g$ 的 El – Centro 波作为地震动输入，进行地震响应时程分析，分别研究水平横向和水平轴向地震激励时附加滑动摩擦阻尼器对滚动隔震的减震效率的影响。计算结果如图 2.23、图 2.24 所示。图 2.23（a）、图 2.23（b）以及图 2.24（a）、图 2.24（b）分别为水平横向和水平轴向地震激励时基底剪力与倾覆弯矩时程曲线。从图中可以看出相对纯滚动隔震状态，附加滑动摩擦阻尼器后复合滚动隔震的基底剪力与倾覆弯矩的峰值降低了40%～50%，主要由于附加滑动摩擦阻尼器后隔震层等效阻尼比提升至15.77%，大幅提高了隔震层的耗能机制，基底剪力滞回曲线如图2.25、图2.26所示。由此可知，经过合理的设计，附加滑动摩擦阻尼器后能够提高滚动隔震的减震效率。

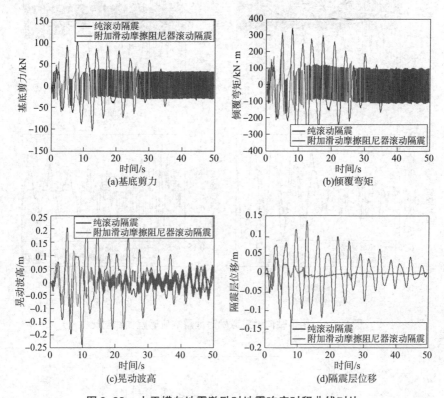

图2.23 水平横向地震激励时地震响应时程曲线对比

图2.23(c)以及图2.24(c)分别展示了水平横向和水平轴向地震激励时地震作用方自由液面与罐壁交界处的晃动波高，相对纯滚动隔震，附加滑动摩擦阻尼器后在一定程度上抑制了流体的晃动幅度，晃动峰值减少了36%～45%。

图2.23(d)以及图2.24(d)分别为水平横向和水平轴向地震激励时隔震层位移时程曲线，从图中可以看出附加滑动摩擦阻尼器后隔震层位移大幅度降低，峰值由0.139m和0.123m减小至0.0435m、0.0290m，减幅68.71%、76.42%。超过了预期设定的减幅50%目标。且从图中可知采用滑动摩擦装置后，隔震层位移过峰值后快速衰减至平衡位置，减少了隔震层震荡。

总的来说，附加滑动摩擦阻尼器后不仅能大幅降低隔震层位移，避免滚动隔震装置偏移过大造成隔震装置自身破坏以及储罐管线等连接处破坏，同时也能对基底剪力、倾覆弯矩等地震响应起到较好的削峰作用。

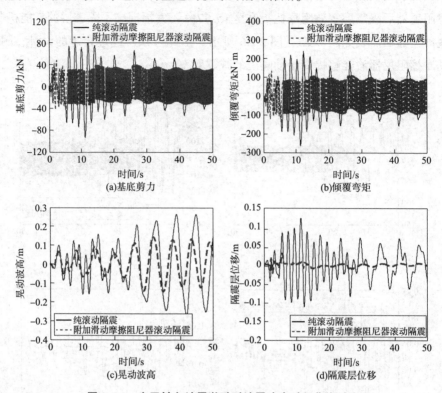

(a)基底剪力   (b)倾覆弯矩

(c)晃动波高   (d)隔震层位移

图2.24 水平轴向地震激励时地震响应时程曲线对比

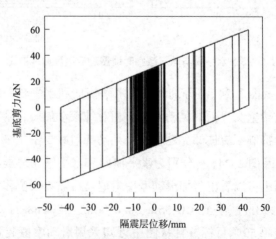

图2.25 水平横向地震激励时基底剪力滞回曲线

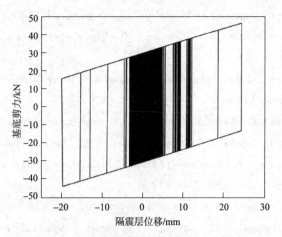

图2.26　水平轴向地震激励时基底剪力滞回曲线

参考文献

［1］Robinson W H. Lead – Rubber Hysteretic Bearings Suitable for Protecting Structures During Earth-quakes［J］. Earthquake Engineering & Structural Dynamics，1982，10(4)：593 – 604.

［2］Lin T W，Hone C C. Base Isolation by Free Rolling Rods Under Basement［J］. Earthquake Engi-neering & Structural Dynamics，1993，22(3)：261 – 273.

［3］Naeim F，Kelly J M. Design of Seismic Isolated Structures：From Theory to Practice［R］. John Wiley & Sons，Inc，New York，1999.

［4］Eröz M，Des Roches R. The Influence of Design Parameters on the Response of Bridges Seismical-ly Isolated With the Friction Pendulum System (FPS) ［J］. Engineering Structures，2013，56：585 – 599.

［5］Fenz D，Constantinou M C. Behavior of Double Concave Friction Pendulum Bearing［J］. Earthquake Engineering & Structural Dynamics，2006，35(11)：1403 – 1424.

［6］刘文光，周福霖，庄学真，等. 铅芯夹层橡胶隔震垫基本力学性能研究［J］. 地震工程与工程振动，1999，19(1)：93 – 99.

［7］金建敏，周福霖，谭平. 铅芯橡胶支座微分型恢复力模型屈服前刚度的研究［J］. 工程力学，2010，27(10)：7 – 12.

［8］杜永锋，洪娜，徐天妮，等. 考虑震源机制的基础隔震结构反应谱研究［J］. 振动与冲击，2017，36(10)：224 – 231.

［9］薛彦涛，巫振弘. 隔震结构振型分解反应谱计算方法研究［J］. 建筑结构学报，2015，4：119 – 125.

[10]Scott Lewis. The 10 Largest Base – Isolated Buildings in the World[EB/OL]. (2017, 07, 17). https：//www. enr. com/articles/42366 – the – 10 – largest – base – isolated – buildings – in – the – world.

[11]Lin T – W, Hone C C. Base Isolation by Free Rolling Rods Under Basement[J]. Earthquake Engineering & Structural Dynamics, 1993, 22：261 – 273.

[12]LinT – W, Chern C C, Hone C C. Experimental – Study of Base – Isolation by Free Rolling Rods [J]. Earthquake Engineering & Structural Dynamics, 1995, 24(12)：1645 – 1650.

[13]Jangid R S, Londhe Y B. Effectiveness of Elliptical Rolling Rods for Base Isolations[J]. Journal of Structural Engineering, 1998, 124(4)：49 – 472.

[14]Zhou Q, Lu X, Wang Q, et al. Dynamic Analysis on Structures Base Isolated by a Ball System With Restoring Properties [J]. Earthquake Engineering & Structural Dynamics, 1998, 27：773 – 791.

[15]姚谦峰，丰定国，王清敏，等. 滚动隔震结构受力分析[J]. 西安建筑科技大学学报，1999, 31(3)：249 – 252.

[16]孙建刚，吕睿，郝进锋. 立式储液容器自复位隔震体系的研究[J]. 地震工程与工程震动，2000, 20(1)：141 – 148.

[17]Butterworth J W. Seismic Response of a Non – Concentric Rolling Isolator System[J]. Advances in Structural Engineering, 2006, 9(1)：39 – 53.

[18]Guerreiro L, Azevedo J, Muhr AH. Seismic Tests and Numerical Modeling of a Rolling – Ball I-solation System[J]. Journal of Earthquake Engineering, 2007, 11(1)：49 – 66.

[19]赵安兴. 椭球体滚动基础隔震的可行性研究[D]. 西安：长安大学，2010.

[20]Housseini M, Soroor A. Using Orthogonal Pairs of Rollers on Concave Beds(OPRCB)as a Base Isolation System – Part I：Analytical, Experimental and Numerical Studies of OPRCB Isolators [J]. The Structural Design of Tall and Special Buildings, 2011, 20(8)：928 – 50.

[21]王林建. 橡胶圆管——轴承滚动隔震支座在高压输电塔中的应用研究[D]. 广州：广州大学，2011.

[22]Harvey P S, Gavin H P. The Nonholonomic and Chaotic Nature of a Rolling Isolation System[J]. Journal of Sound and Vibration, 2013, 332(14)：3535 – 3551.

[23]郝进锋. 大型立式浮顶储罐壁隔震研究[D]. 大庆：东北石油大学，2016.

[24]孙建刚，崔利富，王振，等. 立式储罐滚动隔震地震模拟振动台试验研究[J]. 地震工程与工程震动，2016, 36(6)：92 – 101.

[25]陶连金，安军海，葛楠. 地铁车站工程应用双向 RFPS 支座隔震效果研究[J]. 地震工程与工程振动，2016, 36(1)：52 – 58.

[26]Fiore Alessandra, Marano Giuseppe Carlo, Natale Maria Gabriella. Theoretical Prediction of the Dynamic Behavior of Rolling – Ball Rubber – Layer Isolation Systems[J]. Structural Control &

Health Monitoring, 2016, 23(9): 1150 – 1167.

[27] 张磊. 基于新型钢滚轴隔震支座的隔震地震响应分析及试验研究[D]. 广州：广州大学, 2018.

[28] Huseyin Cilsalar, Michael C Constantinou. Behavior of a Spherical Deformable Rolling Seismic Isolator for Lightweight Residential Construction[J]. Bulletin of Earthquake Engineering, 2019, 17(7): 4321 – 4345.

[29] Huseyin Cilsalar, Michael C Constantinou. Parametric Study of Seismic Collapse Performance of Lightweight Buildings With Spherical Deformable Rolling Isolation System[J]. Bulletin of Earthquake Engineering, 2020, 18(4): 1475 – 1498.

[30] 吕远, 孙建刚, 孙宗光, 等. 变曲率滚动隔震动力学分析及在球形储罐中的应用[J]. 振动工程学报, 2020, 33(01): 188 – 195.

[31] 哈尔滨工业大学理论力学教研室. 理论力学[M]. 北京：高等教育出版社, 2002: 119 – 122.

[32] 中华人民共和国国家质量监督检验检疫总局. 滚动轴承 额定静荷载(GB/T 4662—2012) [S]. 北京：中国标准出版社, 2013.

[33] 闻邦椿. 机械设计手册 轴 弹簧[M]. 北京：机械工业出版社, 2020.

[34] 中华人民共和国住房和城乡建设部. 建筑抗震设计规范(GB 50011—2010)[S]. 北京：中国计划出版社, 2016.

第3章 卧式储罐滚动隔震有限元数值仿真分析

第1章及第2章基于势流理论并结合特有的边界条件推导了卧式储罐的滚动隔震简化动力学模型，并通过算例进行了各类滚动隔震的减震分析。但滚动隔震恢复力模型以及储罐简化力学模型的正确性有待验证，同时力学模型仅从宏观角度考量了结构剪力、弯矩、加速度等动态响应，无法具象呈现出罐体、支承结构的受力状态和动态行为。因此本章基于有限元软件 ADINA 选取合适的单元以及对应的物理材料本构模型，建立了卧式储罐滚动隔震有限元数值仿真模型，并分别进行了模态分析及地震响应时程分析，更全面地展现了滚动隔震的减震性能，并将有限元数值仿真计算结果与理论模型计算结果进行对比分析。

3.1 有限元数值仿真模型的建立

选取1.5节中卧式储罐作为算例进行地震动响应有限元数值仿真研究，设定储液高度 $H = 1.5R$。储罐具体物理参数和几何参数如表 1.1、1.2 所示。采用 3 – D Solid 单元模拟卧式储罐罐体及鞍座，材料模型选用双线性的弹塑性模型。流体采用三维流体单元(3 – D Fluid)，其中液面设置为自由面单元。流体材料模型为基于势的流体模型(Potential – Based Fluid)，体积模量为 2.3GPa。非隔震状态下卧式储罐有限元数值仿真模型如图 3.1 所示。

采用第2章中提出的双层正交布置的滚轴式滚动隔震装置。设计隔震周期 $T_i = 3s$，凹面形式选用圆弧凹面。滚轴的半径 $r = 30mm$。根据第 2.2.2.2 节中的介绍可算得圆弧凹面的曲率半径 $R = 1147.1mm$，滚动摩阻系数 $\mu / r = 0.01$，滚轴长度 $L = 400mm$。采用 ADINA 软件中非线性弹簧单元(Nonlinear Spring)模拟滚动

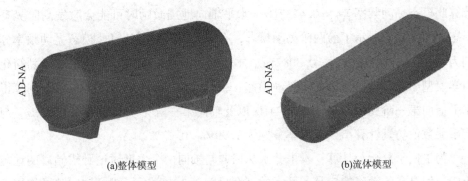

(a)整体模型　　　　　　　　　　　　(b)流体模型

图 3.1　非隔震状态下卧式储罐有限元数值仿真模型

隔震装置。建模过程中采用在鞍座底部设置滑动摩擦接触对模拟滑动摩擦阻尼器。滑动摩擦接触对滑动摩擦系数为 0.35，参照 2.4 节中的设计滑动摩擦接触对中的初始正压力为 82.24kN。图 3.2 展示了采用滚动隔震措施后的卧式储罐隔震有限元数值仿真模型。

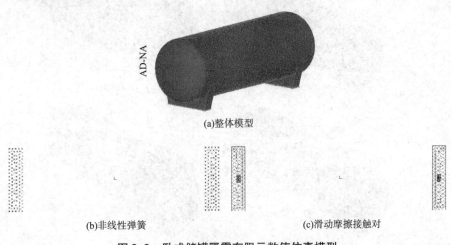

(a)整体模型

(b)非线性弹簧　　　　　　　　　　(c)滑动摩擦接触对

图 3.2　卧式储罐隔震有限元数值仿真模型

3.2　模态分析

对卧式储罐流体晃动、流体晃动与隔震耦合等进行振动模态分析，探究其振型模态及对应的振动频率。图 3.3 为非隔震状态下卧式储罐在横向(i)和轴向(j)流体晃动模态。

水平横向地震激励时第一阶晃动模态是最常见的晃动形态，有限元模态分析计算此模态晃动频率 $f_{1,0}=0.4432\text{Hz}$。水平轴向地震激励时可能会激发高阶晃动形态，图 3.3 中展示了前两阶晃动模态，有限元模态分析计算此模态晃动频率分别为 $f_{0,1}=0.1788\text{Hz}$，$f_{0,2}=0.3082\text{Hz}$。本章提出的水平横向与轴向地震激励简化力学模型中均只考虑了第一阶晃动模态，根据式（1.38b）和式（1.62）可分别算得水平横向第一阶晃动频率为 0.4344Hz 以及轴向第一阶晃动频率为 0.1792Hz，与有限元数值仿真计算结果差异率分别为 1.99%、0.22%。

为了便于分析与计算，本书分别从横向与轴向两个角度讨论卧式储罐的地震响应，但真实的动态响应是，两者的结合，图 3.3 中展示了横、轴向共同作用下流体的前两阶晃动模态，此时流体晃动形态较为复杂，对应的晃动频率分别为 $f_{1,1}=0.4574\text{Hz}$，$f_{1,2}=0.4842\text{Hz}$。

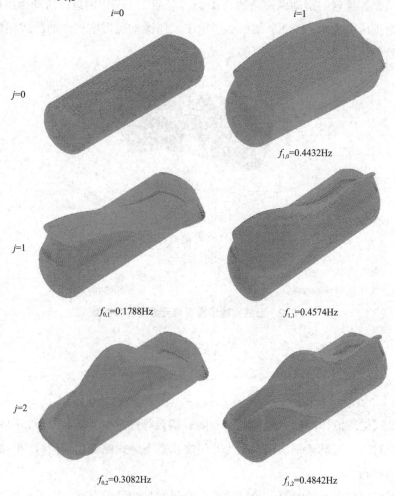

图3.3　非隔震状态下卧式储罐流体晃动模态

图 3.4 展示了水平横向地震激励下卧式储罐滚动隔震第一阶和第二阶振动模态。从图中可以看出采用滚动隔震后卧式储罐整体向一侧偏移，结构体系主要变形产生于隔震层。由于柔性隔震层振动频率接近于流体晃动频率，两者之间的相互作用直接影响了结构和流体的振动形式和振动频率。隔震状态下卧式储罐整体结构体系第一阶和第二阶振动频率分别为 0.290Hz、0.542Hz（横向），结构整体呈现的并非为单一的晃动频率 0.443Hz，或隔震频率 0.333Hz。根据本章提出的理论模型可算得卧式储罐滚动隔震体系的第一阶和第二阶振动频率分别为 0.304Hz、0.537Hz，与有限元数值仿真模型计算结果相差 1.15%、2.17%。

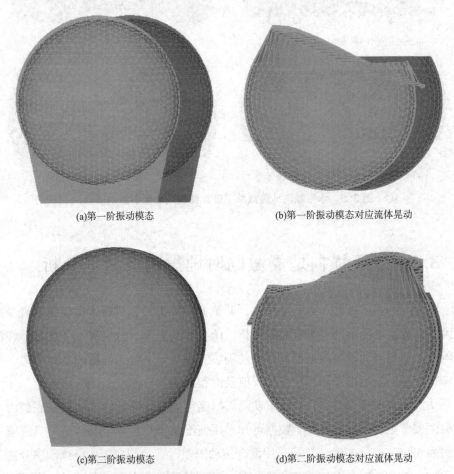

(a)第一阶振动模态　　　　　　　　　　(b)第一阶振动模态对应流体晃动

(c)第二阶振动模态　　　　　　　　　　(d)第二阶振动模态对应流体晃动

图 3.4　水平横向地震激励下卧式储罐滚动隔震振动模态

图 3.5(a)及图 3.5(b)为水平轴向地震激励时卧式储罐第一阶流体 - 隔震结构耦合振动模态及流体晃动形态。对应的振动频率为 0.165Hz，同样与非隔震时

的 0.1788Hz 存在一定差异。根据理论模型算得此时第一阶振动频率为 0.163Hz，理论模型与有限元数值仿真结果差异率为 1.21%。图 3.5(c)及图 3.5(d)为第二阶流体晃动与隔震结构的耦合振动，振动频率为 0.3797Hz。

总的来说，有限元数值仿真模型模态分析计算所得振动频率与理论模型十分接近，差异率小于 3%。

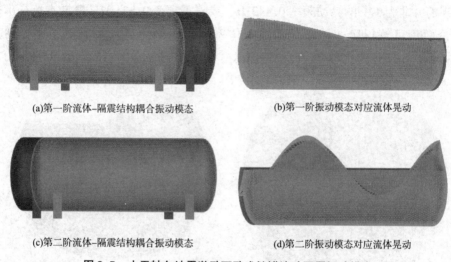

(a)第一阶流体–隔震结构耦合振动模态　　　　(b)第一阶振动模态对应流体晃动

(c)第二阶流体–隔震结构耦合振动模态　　　　(d)第二阶振动模态对应流体晃动

图 3.5　水平轴向地震激励下卧式储罐滚动隔震振动模态

3.3　水平横向地震激励时地震响应时程分析

以 El - Centro 波作为地震动输入，调整 PGA =0.2g，进行水平横向地震激励下卧式储罐滚动隔震地震响应时程分析。图 3.6 及表 3.1 分别展示了抗震、纯滚动隔震、附加滑动摩擦阻尼器复合滚动隔震三种状态下卧式储罐的基底剪力、倾覆弯矩、晃动波高以及隔震层位移峰值及时程曲线。

从图 3.6 中可以看出，采用滚动隔震措施后能有效降低卧式储罐基底剪力及侧向倾覆弯矩，根据表 3.1 中数据可知采用纯滚动隔震时剪力与弯矩的峰值减震率约为 63.07%、62.02%。而采用复合滚动隔震时剪力与弯矩峰值减震率分别为 77.93%、78.81%，相对于纯滚动隔震，减震率提高了约 15 个百分点。根据第 2 章的研究结果可知，附加滑动摩擦阻尼器后最显著的特点是能够较大地限制隔震层的位移，根据表 3.1 中数据，隔震层位移峰值由纯滚动隔震时的 0.1279m 降至 0.0419m，降幅达 67.24%。由此说明附加滑动摩擦阻尼器后能在一定程度上提高滚动隔震装置的减震性能，尤其对隔震层位移的限制有较好效果。

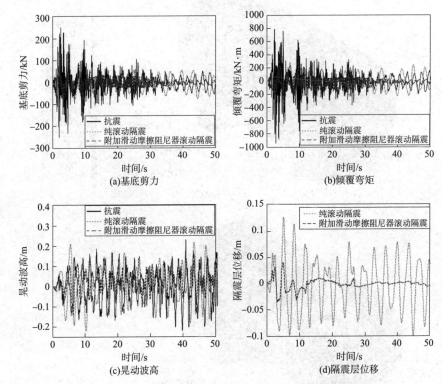

(a)基底剪力　　　　　　　　　　(b)倾覆弯矩

(c)晃动波高　　　　　　　　　　(d)隔震层位移

图3.6　水平横向地震激励时地震响应时程曲线

表3.1　水平横向地震激励时地震响应峰值

工况	基底剪力/kN	倾覆弯矩/kN·m	晃动波高/m	隔震层位移/m
抗震	255.1	918.1	0.2295	—
纯滚动隔震	94.2	348.7	0.2213	0.1279
附加滑动摩擦阻尼器滚动隔震	56.3	194.5	0.1402	0.0419

图3.7为水平横向地震激励下卧式储罐罐壁及鞍座最大有效应力云图。有效应力包括静态有效应力以及动态有效应力，滚动隔震仅能减弱动态应力的影响。从云图中可以看出，卧式储罐罐体应力主要集中于与鞍座连接处，但相对于鞍座来说，罐体最大有效应力相对较小。卧式储罐最大有效应力通常出现于鞍座外肋板或腹板外侧。抗震状态下鞍座处最大有效动态应力为6.50MPa，纯滚动隔震和附加滑动摩擦阻尼器后滚动隔震最大有效动态应力分别为2.31MPa、1.52MPa，减震率分别为64.46%、76.62%，说明滚动隔震能够有效降低结构动态应力。

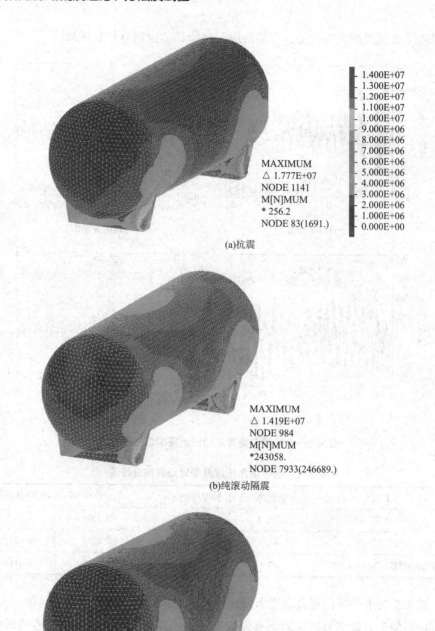

1.400E+07
1.300E+07
1.200E+07
1.100E+07
1.000E+07
9.000E+06
8.000E+06
7.000E+06
6.000E+06
5.000E+06
4.000E+06
3.000E+06
2.000E+06
1.000E+06
0.000E+00

MAXIMUM
△ 1.777E+07
NODE 1141
M[N]MUM
* 256.2
NODE 83(1691.)

(a)抗震

MAXIMUM
△ 1.419E+07
NODE 984
M[N]MUM
*243058.
NODE 7933(246689.)

(b)纯滚动隔震

MAXIMUM
△ 1.408E+07
NODE 239
M[N]MUM
* 242241.
NODE 7827(255757.)

(c)复合滚动隔震

图 3.7　水平横向地震激励下卧式储罐最大有效应力云图

3.4　水平轴向地震激励时地震响应时程分析

以 El – Centro 波作为地震动输入，调整 PGA = 0.2g，进行水平轴向地震激励下卧式储罐滚动隔震地震响应时程分析。图 3.8 及表 3.2 分别展示了抗震、纯滚动隔震、附加滑动摩擦阻尼器复合滚动隔震三种状态下卧式储罐的基底剪力、倾覆弯矩、晃动波高以及隔震层位移峰值及时程曲线。从图 3.8 及表 3.2 中数据中可知，纯滚动隔震时基底剪力及倾覆弯矩减震率为 40% ~ 50%，相比于横向地震输入来说，减震率略低。附加滑动摩擦阻尼器后滚动隔震减震率提升至 70% 左右，尤其隔震层位移由纯滚动隔震时的 0.116m 降至 0.0279m，降幅达 75.95%。由此说明水平轴向地震激励时附加滑动摩擦阻尼器对滚动隔震减震效率的提升以及限制隔震层位移有着更好的效果。

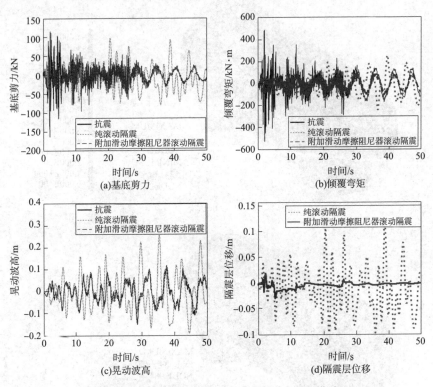

图 3.8　水平轴向地震激励时地震响应时程曲线

表3.2　水平轴向地震激励时地震响应峰值

工况	基底剪力/kN	倾覆弯矩/kN·m	晃动波高/m	隔震层位移/m
抗震	161.8	517.8	0.146	
纯滚动隔震	92.8	256.1	0.256	0.116
附加滑动摩擦阻尼器滚动隔震	49.8	135.8	0.141	0.0279

图3.9为水平轴向地震激励下卧式储罐罐壁及鞍座最大有效应力云图。有效应力包括静态有效应力以及动态有效应力，滚动隔震仅能减弱动态应力的影响。与水平横向地震激励时类似，卧式储罐罐体应力主要集中于与鞍座连接处，但整体结构的薄弱处为鞍座外肋板或腹板外侧。根据有限元数值仿真结果可知，抗震状态下鞍座处最大有效动态应力为2.32MPa，纯滚动隔震和附加滑动摩擦阻尼器后滚动隔震最大有效动态应力分别为1.21MPa、0.62MPa，减震率分别为47.84%、73.28%。

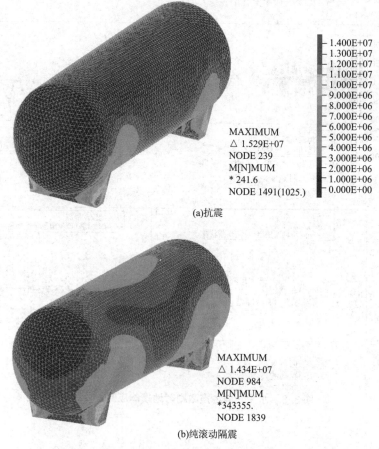

(a)抗震

(b)纯滚动隔震

图3.9　水平轴向地震激励下卧式储罐最大有效应力云图

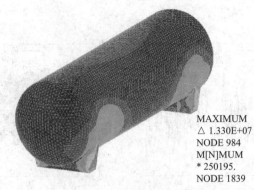

MAXIMUM
△ 1.330E+07
NODE 984
M[N]MUM
* 250195.
NODE 1839

(c)复合滚动隔震

图3.9　水平轴向地震激励下卧式储罐最大有效应力云图(续)

3.5　有限元数值仿真与简化力学模型对比分析

同样以 PGA $=0.2g$ 的 El－Centro 波作为地震动输入，以基底剪力、倾覆弯矩、晃动波高以及隔震层位移作为控制目标进行有限元数值仿真与简化力学模型的对比分析，计算结果如图3.10、图3.11以及表3.3、表3.4所示。

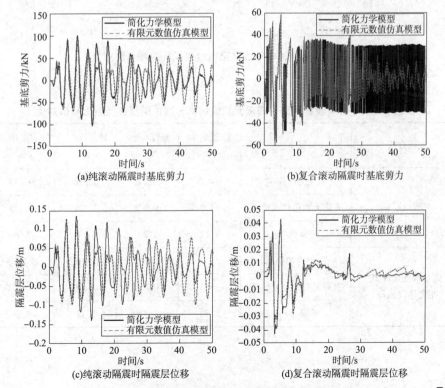

图3.10　水平横向地震激励时地震响应时程曲线对比

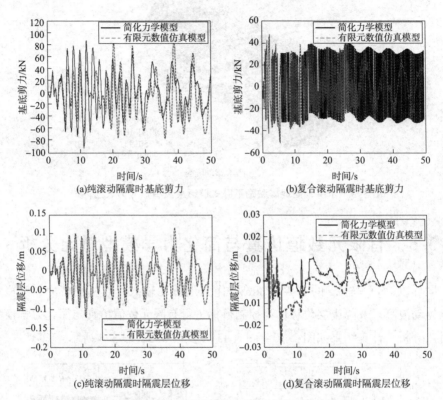

(a)纯滚动隔震时基底剪力　　　　　　　(b)复合滚动隔震时基底剪力

(c)纯滚动隔震时隔震层位移　　　　　　(d)复合滚动隔震时隔震层位移

图 3.11　水平轴向地震激励时地震响应时程曲线对比

表 3.3　水平横向地震激励下有限元数值仿真与理论模型计算结果峰值对比

减震方式	计算方法	基底剪力/kN	倾覆弯矩/kN·m	晃动波高/m	隔震层位移/m
纯滚动隔震	简化力学模型	104.0	353.6	0.238	0.139
	有限元数值仿真模型	94.2	348.7	0.221	0.128
	差异率/%	9.42	1.39	7.14	7.91
附加滑动摩擦阻尼器滚动隔震	简化力学模型	59.7	208.2	0.146	0.0435
	有限元数值仿真模型	56.3	194.5	0.140	0.0419
	差异率/%	5.70	6.58	4.11	3.68

表3.4　水平轴向地震激励下有限元数值仿真与理论模型计算结果峰值对比

减震方式	计算方法	基底剪力/ kN	倾覆弯矩/ kN·m	晃动波高/ m	隔震层位移/ m
纯滚动隔震	简化力学模型	94.1	264.2	0.277	0.123
	有限元数值仿真模型	92.8	256.1	0.256	0.116
	差异率/%	1.38	3.07	7.58	5.69
附加滑动摩擦阻 尼器滚动隔震	简化力学模型	51.3	144.6	0.149	0.029
	有限元数值仿真模型	49.8	138.5	0.141	0.028
	差异率/%	2.92	4.22	5.37	3.45

　　从水平横向地震激励和水平轴向地震激励两个方面，对比采用纯滚动隔震、附加滑动摩擦阻尼器复合滚动隔震两种状态下卧式储罐的有限元数值仿真计算结果峰值与理论模型计算结果峰值，同时以基底剪力及隔震层位移两种工况作为控制目标进行了地震响应时程曲线的对比。从图中可以看出两者地震响应时程曲线存在一定的差异，但地震响应的峰值相对接近。从表中峰值数据可知简化力学模型计算所得地震响应峰值均大于有限元数值仿真结果，且差异率最大未超过10%，有限元数值仿真结果与简化力学模型计算结果十分接近，两者互为验证。

第4章 卧式储罐滚动隔震模拟地震振动台试验研究

随着科技的发展，模拟地震振动台试验技术已逐渐成为建筑结构地震响应研究必不可少的手段之一。通过振动台试验可相对真实地展现结构遭遇地震后的动态行为，为验证理论模型及有限元数值仿真模型的正确性提供可靠的试验数据支撑。目前储液结构的振动台试验多集中于立式储罐[1,2]，鲜有公开发表的关于卧式储罐的振动台实验数据，极少数的实验研究仅局限于讨论卧式储罐流体的晃动问题[3]，并未涉及卧式储罐加速度、应力应变、位移等地震响应，更没有卧式储罐减震、隔震的相关试验研究内容。目前国外学者针对卧式储罐动态响应及减震研究多以理论分析以及有限元数值仿真分析的方式进行。储液结构减震分析方法的成型多经过简化理论模型的提出，有限元数值仿真分析验证及模拟地震振动台试验验证这一过程。本书已针对卧式储罐分别提出了其滚动隔震简化动力学模型，并将其与有限元数值仿真分析进行了对比验证。鉴于此，本章主要针对卧式储罐进行抗震和滚动隔震的模拟地震振动台试验，从试验的角度研究卧式储罐的动特性及滚动隔震的减震效率，同时为验证理论模型的正确性提供可靠的试验数据支撑。

选取某一容积约为 5.4m³ 的卧式储罐作为试验原型，按 1∶1 的比例加工制作卧式储罐振动台试验模型罐，进行水平横向地震激励时卧式储罐抗震、滚轴式滚动隔震振动台试验，讨论滚动隔震对卧式储罐地震响应的控制效果，并与理论模型进行对比分析，验证理论模型的可靠性。

4.1 储罐结构动态相似理论

结构动力试验根据模型与原型结构的尺寸、力学参数等的差异，可分为足尺模型、缩尺模型两种，受到振动台大小的限制，一般以缩尺模型为主。但是，由于各种原因，不可能在实际模型和缩尺模型之间兼容所有力学和几何参数的相似关系。储罐内液体动态响应可分解为对流晃动、液固耦合或冲击分量。在进行振动台试验模型罐设计时储罐可以表示为仅考虑液固耦合或冲击分量的单自由度系统[4~7]。针对单自由度体系，为满足模型罐与原型罐的动态相似关系可引入柯西数[7,8]，表示为惯性力与弹性恢复力的比值，根据胡克定律可知其表达式：

$$\frac{F_i}{F_e} = \frac{ma}{ku} \tag{4.1}$$

式中　F_i——惯性力；

　　　F_e——弹性恢复力；

　　　m——质量；

　　　a——加速度；

　　　k——恢复刚度；

　　　u——位移。

对单质点体系来说，式(4.1)可转化为：

$$\frac{F_i}{F_e} = \frac{a}{\omega^2 u} \tag{4.2}$$

式中　ω——冲击分量自振频率。

根据式(4.2)可知：

$$S_a = S_l \cdot S_t^{-2} \tag{4.3}$$

式中　S_a——加速度相似比；

　　　S_l——几何尺寸相似比；

　　　S_t——时间相似比。

通常情况下卧式储罐的鞍座是其抗震设计的薄弱处，因此可以鞍座处应力构建应力相似关系，$[\sigma] \sim [ma][A]^{-1}$。

$$S_\sigma = S_\rho S_l^2 S_t^{-2} \tag{4.4}$$

式中　S_ρ——密度相似比。

考虑到模型罐与原型罐线应变相似系数为1，则有：

$$S_\sigma = S_E \tag{4.5}$$

式中　S_E——弹性模型相似比。

联立式(4.4)及式(4.5)可得：

$$S_\rho S_l^2 = S_t^2 S_E \tag{4.6}$$

$$S_\rho S_l^2 S_\omega^2 = S_E \qquad (4.7)$$

4.2 振动台介绍

试验在大连民族大学辽宁省石油与天然气构筑物防灾减灾工程研究中心四链杆机构单向水平位移地震激励模拟地震振动台进行,振动台如图4.1所示。

图 4.1 单向水平位移地震激励模拟地震振动台

振动台以单向水平位移地震激励模拟地震振动,台面尺寸 3.00m × 3.00m,极限位移 ±80mm,最大承载模型重 50t,频率范围 0.1 ~ 50Hz。

4.3 振动台试验模型罐设计

本节开展了水平横向地震激励时卧式储罐滚动隔震模拟地震振动台试验研究。选取某卧式储罐作为试验原型,全容积为 5.4m³,设计压力为 0.8MPa,存储介质为 C_3 和 C_4。主体受压元件材料为 16MnR。罐体内径为 1500mm,壁厚 6mm,圆柱形罐体长 2500mm,两端为标准椭圆封头。鞍座包角为 120°,材料为 Q235 钢材。振动台试验过程中以水代替原储液。采用与原型罐相同的材料,按几何比例 1:1 加工制作了卧式储罐振动台试验模型罐,如图 4.2 所示。振动台实验中储液高度 $H = 1.5R$。

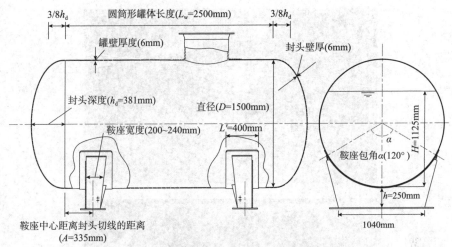

(a)模型罐尺寸

(b)实际模型罐

图4.2　卧式储罐示意图

4.4　卧式储罐滚动隔震装置设计

卧式储罐选用定曲率圆弧凹槽双层正交布置的滚轴式滚动隔震装置，如图4.3所示。

原型罐设计隔震周期 $T_i = 2s$。由于材料相同，且几何比例 $S_l = 1$，则根据上述动力相似关系可知周期动力相似比亦为1，即模型罐设计隔震周期与原型罐一致，$T_i = 2s$。试验中选定滚轴半径 $r = 15mm$，则根据第2.2.2.2节中内容可算得圆弧半径 $R = 512mm$，滚轴长度为 265mm。

图 4.3　定曲率圆弧凹槽双层正交布置的滚轴式滚动隔震装置

　　滚轴采用 20#钢，凹槽采用 Q345 号钢材。根据式(2.22)可算得滚轴隔震装置最大接触应力约为 240MPa，满足竖向承载要求。卧式储罐滚动隔震示意图如图 4.4 所示。

图 4.4　卧式储罐滚动隔震示意图

4.5　传感器布置方案及数据采集系统

振动台试验使用了三种传感器：应变片(S1～S8)，加速度传感器(A1～A12)和位移传感器(D1，D2)，分别用于采集罐壁和鞍座动态应变信号，罐壁加速度信号，液体晃动波高以及隔震层位移。图4.5为三种传感器于卧式储罐罐壁、鞍座以及自由液面的具体分布情况。

应变片：将S1～S6，S7，S8分别布置于罐中部、罐壁与鞍座连接处以及鞍座底部。应变片采用三向应变片。

加速度传感器：A1～A11采集罐壁的径向加速度信号，A12采集振动台的加速度信号。

位移传感器：D1用于收集流体距离中心450mm处的晃动波高，D2用于采集隔震层位移。

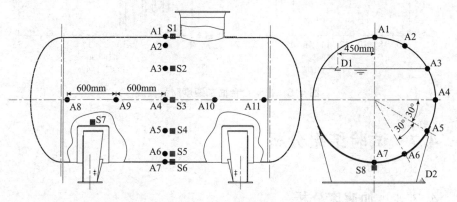

图4.5　三种传感器分布

4.6　地震动输入

由于原型罐与模型罐材料相同，且几何比例 $S_l = 1$，则根据上述动力相似关系可知时间相似比 S_t 与加速度相似比 S_a 均为1，即无须调整地震波的持时和峰值。卧式储罐原型设防烈度为7度，按设防烈度调整对应的加速度峰值PGA至0.2g。选取Ⅰ类场地金门公园波、Ⅱ类场地TH3TG035波、Ⅲ类场地LWD波以及Ⅳ类场地OLY1-4波作为地震动输入。振动台台面加速度时程曲线如图4.6所示。

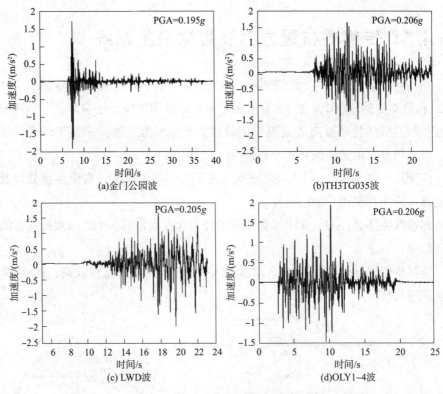

图 4.6　振动台台面加速度时程曲线

4.7　试验结果分析

4.7.1　加速度分析

图 4.7 展示了不同场地波作用下罐壁中部截面测点径向加速度峰值。根据图 4.5 所示的传感器布置图，可知测点 A4 加速度采集方向与水平地震激励方向一致，A1 与 A7 测点加速度采集方向与水平地震激励方向垂直，其余测点按间隔 30°角均匀布置。从图 4.7 中可以看出无论是抗震状态或隔震状态，与地震激励方向一致的 A4 测点加速度峰值最大，且随着各测点与地震激励方向夹角增大，加速度峰值大致呈递减趋势。采用滚动隔震措施后罐壁各测点加速度峰值均有所降低，且大致上加速度峰值最大的罐壁中部减震率相对较高。不同场地波输入时，加速度减震率存在较大波动。根据图 4.8 及表 4.1 中数据可知，Ⅰ、Ⅱ类场地波输入时，加速度减震率相对较高，加速度减震率可达 70%～80%；而Ⅲ、Ⅳ

类场地波输入时，罐中部加速度减震率为40%～50%。

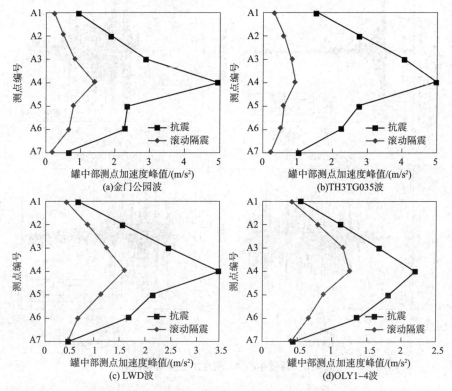

图4.7　罐壁中部截面测点径向加速度峰值

第1章的简化动力学模型建立过程中假定罐壁为刚性，即可认为罐壁某一横截面径向加速度的分布呈 $A_i = A_4(t)\cos(\theta_i)$，其中 $A_4(t)$ 为 A4 测点采集加速度，θ_i 为其他测点与地震激励的夹角。按此假定，A1 与 A7 测点值应为 0，但实测结果为非零值。说明理论假定与实际情况存在一定的差异，卧式储罐罐壁存在微弱的径向变形，致使顶部与底部出现了高频的加速度值。

同理，沿着罐壁轴向均匀布置的测点所采集的加速度值亦会有不同程度的差异，如图4.9所示。从图中可知，加速度分布大致呈现两端相对较小，越靠近中部加速度峰值逐渐增大的趋势，储罐罐体沿着水平横向呈现简支梁式的变形，抗震状态时两端与中部加速度峰值的差异率可达42%。根据图4.9及表4.1中数据可以看出采用滚动隔震措施后罐壁加速度峰值均有所降低。与上述罐壁中部截面测点径向加速度减震结果相似，Ⅰ、Ⅱ类场地波输入时加速度减震率相对较高，加速度减震率可达70%～80%，而Ⅲ、Ⅳ类场地波输入时罐中部加速度减震率为40%～50%。

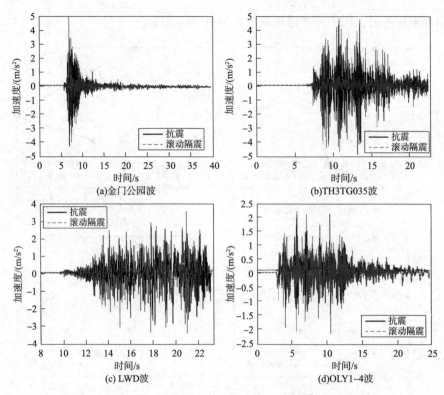

图 4.8　罐壁中心 A4 测点加速度时程曲线

表 4.1　加速度测点峰值及减震率

地震波	工况	测点编号										
		A1	A2	A3	A4	A5	A6	A7	A8	A9	A10	A11
金门公园	抗震/(m/s²)	0.9	1.9	2.9	5.0	2.4	2.3	0.7	3.2	4.3	4.4	2.9
	隔震/(m/s²)	0.2	0.5	0.8	1.4	0.8	0.7	0.2	0.9	1.2	1.2	0.9
	减震率/%	75.6	71.9	70.8	71.4	65.6	70.2	72.7	73.4	70.9	73.2	68.3
TH3T G035	抗震/(m/s²)	1.5	2.8	4.0	5.0	2.7	2.2	1.0	3.4	4.4	4.6	3.3
	隔震/(m/s²)	0.3	0.6	0.8	0.9	0.6	0.5	0.2	0.8	0.9	0.9	0.8
	减震率/%	79.4	79.5	79.5	81.5	77.7	77.2	77.0	77.1	79.6	81.0	77.2
LWD	抗震/(m/s²)	0.7	1.6	2.5	3.5	2.2	1.7	0.4	2.7	3.1	3.2	2.4
	隔震/(m/s²)	0.4	0.8	1.2	1.6	1.1	0.7	0.4	1.4	1.5	1.5	1.5
	减震率/%	36.0	46.8	49.7	54.5	48.1	59.3	-2.5	47.9	51.5	52.1	39.6
OLY1-4	抗震/(m/s²)	0.5	1.1	1.7	2.2	1.8	1.4	0.4	1.9	2.1	2.1	1.9
	隔震/(m/s²)	0.4	0.8	1.2	1.3	0.9	0.7	0.4	1.2	1.3	1.2	1.2
	减震率/%	16.3	26.8	30.1	43.2	50.5	51.6	10.9	35.3	39.9	40.9	36.6

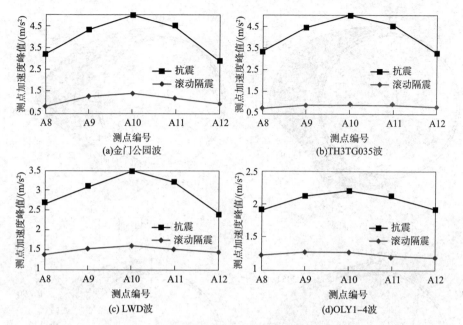

图4.9　沿着罐壁轴向均匀布置测点加速度峰值

4.7.2　应力分析

振动台试验采用三向直角应变片采集测点的动态应变数据。根据式(4.8)即可算得测点最大动态主应力。图4.10为壁中部截面测点主应力峰值，单位为kPa。从图中可以看出抗震状态时，在四种场地波激励下，S1～S6的动态主应力峰值均呈现出相同的分布规律，即从罐壁的顶部到底部，动态主应力呈现两个峰值和三个谷值的分布规律。两个峰值位于S3、S5测点，谷值位于S1、S4和S6。采用滚动隔震后罐壁处动态主应力明显降低，最大动态主应力减震率为53.71%～76.47%。表4.2为罐壁与鞍座连接处(S7)及鞍座腹板处(S8)动态最大主应力峰值及其减震率。根据表中数据可知，采用滚动隔震后罐壁与鞍座连接处的动态应力均有同程度的减弱，其减震率受场地波的影响较大。Ⅰ、Ⅱ类场地波输入时应力减震率相对较高，加速度减震率可达67%～77%，而Ⅲ、Ⅳ类场地波输入时罐中部加速度减震率为40%～50%，即硬质场地条件下滚动隔震的减震率相对更高。

$$\sigma_{\max/\min} = \frac{E(\varepsilon_x + \varepsilon_y)}{2(1-\nu)} \pm \frac{E}{2(1+\nu)}\sqrt{(\varepsilon_x - \varepsilon_y)^2 + (2\varepsilon_{xy} - \varepsilon_x - \varepsilon_y)^2} \qquad (4.8)$$

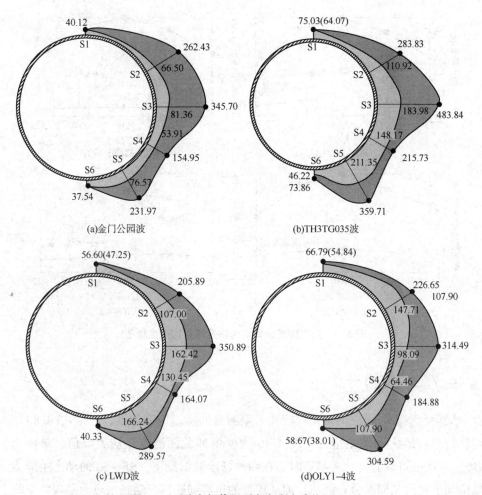

图 4.10 壁中部截面测点主应力峰值(kPa)

表 4.2 测点 S7 及 S8 最大动态主应力峰值及其减震率

测点	工况	金门公园	TH3TG035	LWD	OLY1－4
S7	抗震	939.8	1142.2	942.4	1132.7
	滚动隔震	224.7	252.9	438.5	702.3
	减震率/%	76.09	77.86	53.47	38.00
S8	抗震	1772.2	2368.4	2098.6	1456.9
	滚动隔震	573.4	645.1	1009.3	868.7
	减震率/%	67.64	72.76	51.91	41.06

4.8　振动台试验结果与简化动力学模型对比分析

通过振动扫频可获得模型罐抗震状态及滚动隔震状态下的基本振动频率，将其与简化力学模型对比，如表4.3所示。

表4.3　卧式储罐简化力学模型与试验结果的自振频率对比

基本自振频率	第一阶晃动频率	隔震结构第一阶自振频率
简化力学模型	0.7931Hz	0.5000Hz
试验结果	0.7965Hz	0.4868Hz
差异率/%	0.43	−2.71

根据表4.3中数据，试验测得水平横向地震激励时，卧式储罐流体晃动第一阶晃动频率约为0.7965Hz，而依据公式(1.38b)算得简化力学模型中流体晃动频率为0.7931Hz，两者差异率为0.43%。试验测得卧式储罐滚动隔震体系基本自振频率为0.4868Hz，基于第2章中卧式储罐滚动隔震简化动力学模型，可算得隔震状态下模型罐自振频率为0.5000Hz，与试验结果的差异率约为2.71%。试验测得的结构自振频率与简化力学模型计算结果十分接近，据此在一定程度上也验证了简化力学模型及滚动隔震恢复力模型的正确性。

以上述四条地震激励振动台试验中台面加速度作为地震输入，进行简化力学模型的地震响应计算。

图4.11为LWD地震激励时测点D1处晃动波高以及测点D2处隔震层位移时程曲线。从图中可以看出，隔震状态下简化力学模型计算结果与试验数据的时程曲线走势存在一定的差异性，但峰值相差较小。

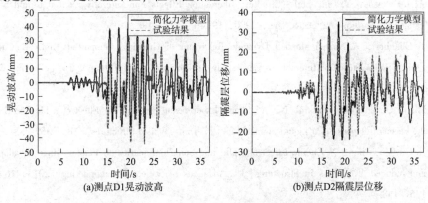

(a)测点D1晃动波高　　　　　　(b)测点D2隔震层位移

图4.11　LWD波作用下地震响应时程曲线

表4.4为四条场地波激励时晃动波高与隔震层位移峰值及其减震率。根据表中数据可知，滚动隔震状态下简化力学模型计算所得隔震层位移及晃动波高与试验数据十分接近，各工况下两者差异率均未超过17%。通过与试验结果的对比分析，可验证本书所提出的卧式储罐纯滚动隔震简化力学模型的正确性。

表4.4 理论模型峰值与试验结果峰值对比

地震响应	工况	金门公园	TH3TG035	LWD	OLY1－4
晃动波高 (D1)/mm	理论模型	28.37	27.01	42.53	32.58
	试验结果	25.41	23.24	43.79	38.13
	差异率%	11.65	16.22	－2.88	－14.56
隔震层位移 (D2)/mm	理论模型	16.27	20.13	34.61	18.25
	实验结果	14.59	18.29	32.48	16.76
	差异率%	11.51	10.06	6.56	8.89

参考文献

[1]孙建刚，袁朝庆，郝进锋. 橡胶基底隔震储罐地震模拟试验研究[J]. 哈尔滨工业大学学报，2005，6(37)：806－809.

[2]崔利富. 大型 LNG 储罐基础隔震与晃动控制研究[D]. 大连：大连海事大学，2012.

[3]N. Kobayashi, T. Mieda, H. Shibata, Y. Shinozaki. A Study of the Liquid Slosh Response in Horizontal Cylindrical Tanks[J]. Journal of Pressure Vessel Technology, 1989, 111(1): 32－38.

[4]T. Larkin. Seismic Response of Liquid Storage Tanks Incorporating Soil Structure Interaction[J]. Journal of Geotechnical and Geoenvironmental Engineering, 2008, 134(12): 1804－1814.

[5]A. S. Veletsos, Y. Tang. Soil－Structure Interaction Effects For Laterally Excited Liquid Storage Tanks[J]. Earthq. Eng. Struct. Dyn, 1990, 19(4): 473－496.

[6]P. Ghanbari, A. Abbasi Maedeh. Dynamic Behaviour of Ground－Supported Tanks Considering Fluid－Soil－Structure Interaction(Case study: southern parts of Tehran)[J]. Pollution, 2015, 1(1): 103－116.

[7]Miguel Ormeño, Tam Larkin, Nawawi Chouw. Experimental Study of the Effect of a Flexible Base on the Seismic Response of a Liquid Storage Tank[J]. Thin－Walled Structures, 2019, 139: 334－346.

[8]X. Qin, Y. Chen, N. Chouw. Effect of Uplift and Soil Nonlinearity on Plastic Hinge Development and Induced Vibrations in Structures[J]. Advances in Structural Engineering, 2013, 16(1): 135－148.

[9]孙建刚. 立式储罐地震响应控制研究[D]. 哈尔滨：中国地震局工程力学研究所，2002.